世界科普经典读库

数学的奥妙

〔俄〕伊库纳契夫 著

左鹏 编译

全国百佳图书出版单位

时代出版传媒股份有限公司

安徽人民出版社

图书在版编目(CIP)数据

数学的奥妙/(俄罗斯)伊库纳契夫著;左鹏编译. —合肥:安徽人民出版社,2016.12

(世界科普经典读库)

ISBN 978 - 7 - 212 - 09456 - 0

I.①数… II.①伊…②左… III.①数学—青少年读物 IV.①O1-49

中国版本图书馆 CIP 数据核字(2016)第 302629 号

数学的奥妙

SHUXUE DE AOMIAO

〔俄〕伊库纳契夫 著 左 鹏 编译

出版人:杨迎会　　　　　　出版策划:朱寒冬　　　责任编辑:李 莉 项 清
出版统筹:徐佩和 黄 刚　　责任印制:董 亮　　　装帧设计:程 慧
　　　　　李 莉 张 旻

出版发行:安徽人民出版社 http://www.ahpeople.com
地　　址:合肥市政务文化新区翡翠路 1118 号出版传媒广场八楼　邮编:230071
电　　话:0551 - 63533258　0551 - 63533292(传真)
印　　刷:合肥创新印务有限公司

开本:710mm×1010mm　　1/16　　印张:15　　字数:280 千
版次:2016 年 12 月第 1 版　　2023 年 6 月第 7 次印刷

ISBN 978 - 7 - 212 - 09456 - 0　　　定价:28.00 元

目 录

一、奇妙的问题

1. 苹果和篮子

篮子里有 5 个苹果分给 5 个人,每个人分 1 个后,篮子里还剩下 1 个苹果。为什么?

2. 到底有几只猫

房间里有 4 个角落,每个角落各有 1 只猫,每只猫的对面都有 3 只猫,同时每只猫的尾巴上面也各有 1 只猫。请问这个房间里到底有几只猫?

3. 裁缝店

一家裁缝店有一块长 16 米的布料,假如每天裁掉 2 米,请问几天之后才能裁到最后一块呢?

4.666 与数字

在不使用加、减、乘、除等计算方式的情况下,怎样才能把 666 增为它的一倍半呢?

5. 分数

分子比分母小的分数,能和分子比分母大的分数相等吗?

6. 巧分马蹄铁

怎样用斧头只砍两下,把马蹄铁分成六部分呢?(注意:相同的碎片不能重复数两次。)

7. 老人到底说了些什么

有两个大胆的年轻人,比赛谁的马跑得快,但始终不分胜负,形成了一场拉锯战,最后两人都觉得无聊。

"我们来一场完全相反的比赛好吗?"格利格雷说道,"看谁的马最慢到达目标,谁就获得奖金。"

"好啊!"米海尔爽快地同意。

于是,两人骑马到草原,旁边还围了许多旁观者,大家都想目睹这场奇怪的比赛。一位长者拍着手开始数:

"一、二、三!"

两人居然连动都没动一下,旁观者忍不住笑了出来。

一阵喧哗之后,大家都下了结论:这场比赛绝对没有结果,因为两位年轻人可能一直站在原地不动。这时一位久经风霜、满头白发的老人来到了现场。

"怎么啦?"老人问。

大家把刚才的情形告诉了老人。

"好吧!我让这两位年轻人见识一种法术,肯定他们听了我说的话之后,会像被开水烫到一样策马狂奔……"

然后,老人走到两名年轻人身边,悄悄地说了句话,30秒后,两人果真像火烧屁股般策马狂奔,极力想超越对方,但奖金仍然是由最慢到达的人获得。

老人到底说了些什么呢?

数学漫画 1

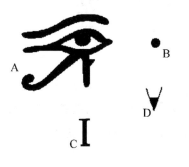

问:

左图所示的皆代表古代的数字 1。
请问,各是代表哪国的 1?

①古代埃及的 1

②古代玛雅的 1

③古代希腊的 1

④古代美索不达米亚的 1

其中有一个是多余的数字。

答:

A——古代埃及

B——古代玛雅

C——古代希腊

D——古代美索不达米亚

E——是古代玛雅的 0

★ 玛雅人使用"0"的时间比印度人早。

3

二、火柴棒的问题

准备一盒火柴,利用火柴棒可以想出许多有趣又富有机智的问题,这些问题可以促进头脑的灵活运转。现在,列举一些简单有趣的例子供大家参考。

8. 100

如图 1 所使用的四根火柴棒,再加上五根火柴棒做成 100。

图 1　　　　　　　　　图 2

9. 家

用火柴棒做成房屋(如图 2),现在移动两根火柴棒,使房屋的方向改变。

10. 虾子

用火柴棒做成虾子往上爬的样子(如图 3),移动其中 3 根,使虾子变成往下爬的样子。

11. 天平

用9根火柴棒做成不平衡的天平形状(如图4),然后移动其中5根,使天平平衡。

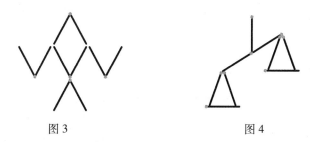

图 3   图 4

12. 两个酒杯

用10根火柴棒做成两个酒杯形状(如图5),移动其中6根,看看能不能使酒杯变成房屋。

图 5   图 6

13. 神殿

这座希腊式的神殿(如图6)是由11根火柴棒做成的。现在移动其中4根,使它变成15个正方形。

14. 旗子

用10根火柴棒做成旗子形状(如图7),移动其中4根,使它变成房屋。

图 7   图 8

15. 街灯

　　用火柴棒做成如图 8 的街灯形状,移动其中 6 根,做成四个全等三角形。

16. 斧头

　　图 9 的斧头形状,移动其中 4 根火柴棒,做成三个全等三角形。

17. 神灯

　　由 12 根火柴棒所做成的神灯(如图 10),移动其中 3 根,使神灯变成五个全等三角形。

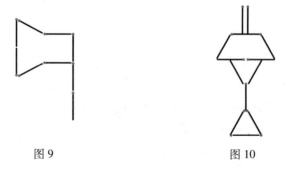

图 9   图 10

18. 钥匙

用 10 根火柴棒做成钥匙的形状(如图 11),移动其中 4 根,使钥匙变成三个正方形。

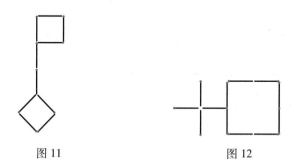

图 11   图 12

19. 三个正方形

将图 12 的图形移动 5 根火柴棒,做成三个全等的正方形。

20. 五个正方形

将火柴棒如图 13 排列,然后移动其中 2 根,做成五个全等正方形。

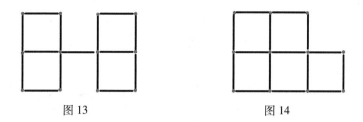

图 13   图 14

21. 三个正方形

从图 14 的图形中取走 3 根火柴棒,做成三个全等的正方形。

22. 两个正方形

如图 15 所示,移动其中 5 根火柴棒,看看能不能做成两个正方形。

图 15   图 16

23. 三个正方形

用 16 根火柴棒做成如图 16 的图形,再移动其中 3 根,使它变成三个全等正方形。

24. 四个正方形

用火柴棒做成如图 17 的图形,移动其中 7 根,做成四个正方形。

25. 正方形

从图 18 的图形中取走 8 根火柴棒,①做成两个正方形;②做成四个全等正方形。

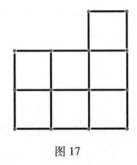

图 17   图 18

26. 四个三角形

用 6 根火柴棒做成四个正三角形。

27. 以一根火柴棒轻松地提起十五根火柴棒

将 16 根火柴棒任意组合,提起其中 1 根,使全部火柴棒都被提起来。

数学漫画 2

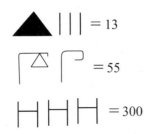

$\blacktriangle ||| = 13$

$= 55$

$\text{H H H} = 300$

问:

古代希腊是采用 5 进法。1 写成 I,5 是 Γ,10 是 △,50 是 ⌈△⌉,100 是 H。请问 500 要怎么表示?

答:表示为 ⌈H⌉,即 500 = ⌈H⌉。

★ 古希腊是将表示数字的那个希腊语的头个字母作为数字使用的。如 Γευτε 为 5 之意,使用 Γ 表示 5;

△εκα 为 10 之意,使用 △ 表示 10;

Ηεκατο 为 100 之意,即以 H 表示 100。

三、想法和数法

28. 手指帮助计算

有个男孩因为背不好"九九乘法表"中9的倍数而困扰不已,于是男孩的爸爸替他想到一个用手指记忆的方法。如下:

将两手平放在桌上,每根手指依次各代表一个数字,由左至右第一个手指代表1,第二个手指代表2,第三个手指代表3,以此类推,第十个手指代表10。接下来1至10都乘9。这时手不要移动,只需把要乘的数字所代表的指头上翘即可。那么,所翘起的指头左侧的手指数目代表十位数,而右侧的手指数目则表示个位数。

例如7×9时,把第7个手指(由左至右)翘起,便可发现左侧有6个手指,右侧有3个,所以7×9=63。

起初听到这种机械的方法,觉得非常奇妙,但只要分析九九乘法表,就能揭开它的谜底。

1×9=9	2×9=18	3×9=27	4×9=36
5×9=45	6×9=54	7×9=63	8×9=72
9×9=81	10×9=90		

在这个表里,积的十位数字规则地增加1,按0,1,2,3,…,8,9的顺序排列,而个位数却恰好相反,有规则地减1,按9,8,7,…,1,0的顺序。同时,个位数与十位数的和都是9。所以只要翘起对应的手指,就能获得答案,可以说人的手指是最原始的计算机。

29. 航线

每天中午,都有一班轮船由法国的哈佛尔港起航,经大西洋驶往纽约。同一时刻,同一家公司的轮船从纽约返航,驶往哈佛尔。两艘船的航行期都是 7 天,请问:从哈佛尔起航经大西洋的轮船抵达纽约时,共和几艘同一家公司返航的轮船相遇?

30. 卖苹果

有位农妇提一篮苹果到市场去卖。第一个客人买走全部苹果的一半再加上 $\frac{1}{2}$ 个,第二个客人买走剩余苹果的一半再加上 $\frac{1}{2}$ 个,第三个客人买走剩下的一半又 $\frac{1}{2}$ 个……第六个客人也买了剩下苹果的一半加上 $\frac{1}{2}$ 个。这时农妇的苹果刚好卖完,而这 6 个客人所买的苹果都不曾切为两半。请问农妇带了多少个苹果?

31. 蜈蛉

星期日上午 6 点,一只蜈蛉开始爬树。从白天一直到晚上 6 点为止共爬了 5 米,但一到夜晚又会往下爬 2 米。请问蜈蛉要到星期几的几点才能爬到 9 米高的地方?

32. 自行车与苍蝇

A、B 两镇相距 300 千米,有两个人分别骑自行车从这两镇朝相对的方向出发,时速都是 50 千米,中途都不停车。同时,有只苍蝇也和第一辆自行车从 A 镇同时出发,以时速 100 千米的速度飞行,不久便超越第一辆自行车,朝第二辆自行车飞去。遇到第二辆自行车后,立刻调头飞向第一辆自行车。和第一辆自行车相会后,又转向第二辆自行车……如此往返在两辆自行车之间,一直到两辆自行车相遇为止,然后停在其中一人的帽子上。请问苍蝇总共飞了多少千米?

33. 狗和行人

两个行人在同一条路上向相同的方向前进,第一个行人时速 4 千米,第二个行人时速 6 千米,前者比后者超前 8 千米。这时,其中一人身旁有一只狗,它从自己主人身边跑向另一个行人(时速 15 千米),与那个行人相遇后,立刻折回主人身边,然后再跑向另一个行人……如此往返在两个行人之间,直到第二个行人赶上第一个行人为止。请问狗跑了多少千米?

34. 平方的简便算法

个位数是 5 的两位整数,有个计算平方的简单方法,就是让十位数乘比本身大 1 的数字,然后在所得积的后面(右侧)加上 25,结果即为正确答案。

例如要计算 35^2,首先 3×4 = 12,然后在右侧加上 25,即得:

$35^2 = 1225$

同样的道理:

$85^2 = 7225$

请说明理由。

35. 把 2 移至前方,数字变成两倍

某一整数的个位数是 2,把 2 移至前方,数字立刻变成两倍。请问原来的数字是多少?

36. 此数究竟为何

　　某数除以 2 余 1，除以 3 余 2，除以 4 余 3，除以 5 余 4，除以 6 余 5，除以 7 则刚好除尽，那么此数究竟是多少？

37. 连续整数的和

　　这个问题可以用纸牌来解答。首先剪好 10 张纸牌，然后用钢笔在纸牌上画黑点。第一张纸牌上画 1 点，第二张纸牌上画 2 点，第三张纸牌上画 3 点，以此类推，第十张纸牌上画 10 点，接着再以同样的方式制作一套相同的纸牌。到此准备工作已告一段落。

　　取出 1 至 10 的纸牌 10 张，将纸牌上的点数全部相加时，用第一张纸牌的黑点加上第二张的黑点，然后再加第三张的点数的方法不能采用。

　　那么，该如何把 1 至 10 连续整数相加的和求出来呢？首先，将 10 张 1 至 10 的纸牌按顺序排列，然后将另一套相同的纸牌以相反的顺序排在第一套纸牌的下方。即：

1	2	3	4	5	6	7	8	9	10
10	9	8	7	6	5	4	3	2	1

　　这样，20 张纸牌便排成两行，也就是上下 2 张一组的纸牌有十组，而且每一组的点数和皆为 11。所以上下两行纸牌的点数和为 11 的 10 倍，也就是 110。不过，我们使用了两套纸牌，故每行的黑点总数是 110 的一半，也就是 55。由此可知，10 张纸牌上共有 55 个黑点。

　　各位或许会发现，从 1 开始的连续整数的和都能以同样的方式求出，而不必一个个按顺序相加。例如 1 至 100 的连续整数的和是 101 的 100 倍再除以 2，也就是 5050。

38. 收集苹果

　　100 个苹果间隔 1 米排成一列。现在，假定果农在第一个苹果前方 1 米处放置篮子，然后每次只拿 1 个苹果放进篮内，请问他要走多少路程才能把苹果全部收集于篮内?

39. 时钟敲了多少下

会报时的钟一昼夜共敲了几下?

40. 自然数之和

请求出 1 至 n 的自然数之和。

其实,有关这类特殊的问题,我们已经在前面的三个问题中思考过了,但在此可以以图形来帮助思考。首先画一个长方形,在横线与纵线上各标明 n 等分与 $n+1$ 等分的点,然后将这些点以平行线连接起来,于是形成 $n(n+1)$ 个大小完全相同的小长方形格子图案。(如图 19)

此图即为 $n=8$ 时的情形。如图所示,在格子上画上斜线,那么斜线部分的格子数就可以 $n+(n-1)+(n-2)+\cdots+3+2+1$ 的和来表示。

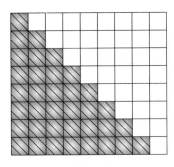

图 19

另一方面,空白格子的数目,每行由右向左数的结果和上面数的完全相同,所以

$$2(1+2+3+\cdots+n)=n(n+1)$$

由此可求出答案:

$$1+2+3+\cdots+n=\frac{n(n+1)}{2}$$

41. 奇数之和

注意看下列的式子：

$1 = 1^2$

$1+3 = 4 = 2^2$

$1+3+5 = 9 = 3^2$

$1+3+5+7 = 16 = 4^2$

这种规则（从 1 开始连续奇数的和等于奇数个数的平方）如果成立的话，请证明。

数学漫画 3

台利斯是公元前 600 年的腓尼基人,被公认为数学史上最早的学者。

问:

数学界鼻祖台利斯前往埃及,想正确测量出金字塔的高度。正当他苦思测量方法时,低头看见自己的影子,终于悟出了绝妙的方法。请问是什么方法?

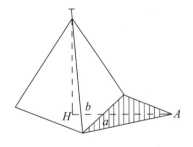

答:等到自己的影子和自己身体一样长的时刻,再测量金字塔的影子即可。

★ 金字塔确实太大,因此,有部分影子是包含于金字塔本体中的,正确的高度应该是 $a+b$。

四、渡 河 与 旅 行

42. 水沟与木板

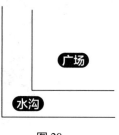

图 20

    长方形的广场周围被等宽的水沟所包围（如图 20），现在有两块长度和水沟宽度相等的木板，请问怎样使这两块木板变成水沟上面的桥梁？

43. 军队

    一队士兵来到河边，想渡河到对岸去，可是桥坏了，而且水非常深，他们不知该如何是好。这时，指挥官发现距岸边不远处有两名少年正在划船，可是这艘船太小，只容纳得下一名士兵或两名少年。虽然如此，士兵们还是坐这艘船顺利渡过了河。请问他们用什么办法渡过了河呢？

44. 狼、山羊和高丽菜

    有个农夫想把他的狼、山羊和高丽菜送到河对岸，但是船太小了，只能运载狼、山羊和高丽菜其中之一。可是，如果把狼和山羊留在岸上，狼会吃掉山羊；把山羊和高丽菜留在岸上，山羊又会吃掉高丽菜。请问农夫到底该怎么办，才能将狼、山羊与高丽菜平安无事地送到对岸？

45. 带着随从的三个骑士

有 3 个骑士带着各自的随从在河边会合,想渡河到对岸去。他们发现了一艘可容纳 2 人的小船,同时马也可以不涉水渡河,所以他们认为渡河应该很简单才对。没想到他们的计划却有了障碍,因为随从们都表示,不愿和自己主人以外的骑士在一起,并且无论如何威胁引诱,那 3 个胆怯的随从始终坚持他们的意见,没有任何效果。但最后 6 人还是凭那艘只能容纳 2 人的小船平安无事地渡过了河,同时也遵守了随从的条件。请问他们是如何做到的呢?

46. 带着随从的四个骑士

假定现在多一名骑士与随从,8 人在岸边会合,在与前题相同的条件下,他们也能全部平安无事地渡河到对岸去吗?

47. 可容纳三个人的船

各带一名随从的 4 个骑士来到河边,找到一艘可容纳 3 人的船,按前两个问题的条件,他们能顺利过河吗?

48. 渡过中央有小岛的河

各带一名随从的 4 个骑士必须利用没有船夫而且只容纳 2 人的小船渡河,河的中央有个可登陆的小岛。在这个过程中,随从无论何时何地都不离开主人身边,也不和其他骑士在一起。请问他们要用什么方法才能安全抵达对岸?

49. 火车 A 与火车 B

火车 B 就快到火车站了,但火车 A 从后面赶来,而且必须让 A 先通过才行。在正轨右侧都设有避让线专供火车暂时避让之用,但由于避让线太短,无法容纳火车 B 全部的车厢。在这种情况下,有没有办法使火车 A 先行通过呢?

50. 六艘汽船

　　汽船 A、B、C 沿着一条河道先后航行,同时,汽船 D、E、F 也先沿着同一条河道迎面而来。可是,由于河道的宽度太窄,两艘船无法擦身而过,不过河道的一侧有一个恰好容纳一艘船的河湾,请问这六艘船怎样才能顺利擦身而过,继续航行呢?

数学漫画 4

问:

　　大数学家毕达哥拉斯让学生从 1 数至 4, 然后说:"你以为是 4, 其实是 10, 而且也是个完美的三角形。"学生听得莫名其妙。为什么? 4 = 10 吗?

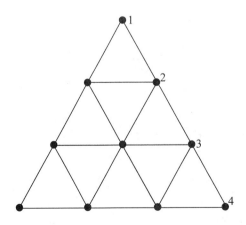

　　答:1 + 2 + 3 + 4 = 10, 而把 10 个点如叠金字塔般叠起来, 便形成一个完美的大三角形。

五、分配的问题

51. 避免分得太细

试想把 5 块饼干分给 6 个小孩,但是,每块饼干都不能分成 6 等分。

这种类型的问题,可以想出一箩筐。例如以 7 和 12、7 和 6、7 和 10、9 和 10、11 和 10、13 和 10、5 和 12、11 和 12、13 和 12 等来代替这问题中的 5 和 6,均属于将前数平分给后数的问题。

像这类问题都是把小分数化为大分数来处理,同时,可将问题改变成如下的形式:

5 张纸,每张都不能分为 8 等分,而平分给 8 个学生的方法是什么?

思考这种问题,对于清楚而快速地了解分数的意义有很大的帮助。

52. 两位樵夫

尼基塔和帕威尔两位樵夫在森林里辛苦地工作,直到吃早餐时才坐下来休息。尼基塔拿出 4 个馒头,帕威尔拿出 7 个馒头。这时来了一位猎人,他说:

"各位,我迷路了,从这儿到村落还有一段路,可是我肚子饿了,能不能分点东西给我吃呢?"

"好啊! 你坐下来吧!"

于是两位樵夫将 11 个馒头分为 3 等份,吃过饭以后,猎人从口袋里掏出 10 戈比的银币和 1 戈比的铜币各 1 个。

"请两位原谅,我身上只有这么多钱,你们一起平分吧!"

猎人走后,两位樵夫开始争吵。

"这些钱我们应各得一半!"尼基塔说道,帕威尔立即反驳说:

"11 个馒头刚好有 11 戈比,那么,每个馒头相当于 1 戈比,你带了 4 个馒头得 4 戈比,我带了 7 个当然就得 7 戈比……"

各位想想看,谁的计算方法比较正确?

53. 争吵

三位农夫伊凡、彼得、尼克莱的工作已告一段落。他们收获了一大袋小麦,可是身边没有量斗来量小麦的重量,只好用目测法来分小麦。年纪较长的伊凡把小麦分成三堆。

"第一堆给彼得,第二堆给尼克莱,第三堆给我。"

"这样不公平,我那堆最小!"尼克莱抱怨着。

结果三位农夫吵了起来,还险些打架。可是,无论是从第一堆小麦分出一些给第二堆小麦,或是从第二堆分出一些给第三堆,三个人都不满意。

"假如只有我和彼得的话……"伊凡不耐烦地说,"马上就能分得很公道,因为我把小麦平分成两堆后,先让彼得选择他喜欢的那堆,另一堆就是我的,我们两人都很满意。可是像今天这种情形,到底应该怎么办才好呢?"

于是,农夫们开始苦思能使大家满意的办法,最好令每个人都觉得自己所分得的小麦比 1/3 还多,最后他们终于想出来了,你知道是什么办法吗?

54. 平分成三份的方法

现在要将 21 个木桶分给三个人,其中有 7 桶装满了葡萄酒,另外 7 桶只装了一半,最后 7 桶则是空的。现在每个人要分得等量的葡萄酒与等数的木桶,可是木桶内的葡萄酒不能转移,有什么办法呢?

55. 平分成两份的方法

8斗的木桶装了8斗的葡萄酒,想平分给两个人,但只有一个5斗和一个3斗的空桶,把这3个桶当成容器,同时兼作量斗,请问怎样能把酒平分为两份呢?

56. 二等分

类似上述的问题,如今装满葡萄酒的木桶是16斗,空桶有11斗和6斗各1个,请问该如何将酒二等分?

57. 葡萄酒的分法

现在有容量为6斗、3斗和7斗的木桶3个,第一桶与第三桶里各装了4斗与6斗的葡萄酒,请问能不能只用这3个木桶把葡萄酒平分成两份?

数学漫画 5

问：

　　埃及金字塔的底边与塔高有一定的比例，希腊帕特农神殿基台的长与柱高亦有一定的比例，皆近似于 1：1.6。请问：这样的长与宽之比称为什么？

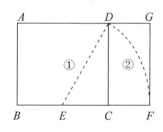

答：黄金比或黄金分割。

　　★ 长宽之比为 1：1.618 的长方形称为黄金长方形，被认为是最完美的形状。一般香芋盒均采用这种比例，明信片亦差不多，约为 1：1.6。

1. BC 的中点为 E。

2. 以 E 为中心，ED 为半径画圆，与 BC 延长线的交点为 F。

3. 以 AB、BF 为两边的长方形 ABFG，即是黄金长方形。

六、童话故事

58. 天鹅与鹳鸟解谜

一群天鹅在天空中翱翔,迎面忽然飞来一只不同种的天鹅,它开心地说:"你们好! 100 只天鹅先生。"可是,天鹅群前方有位年长的天鹅却回答:"不,我们不是 100 只。我们的数目加上同样的数目,再加上我们的半数和 $\frac{1}{4}$ 的数目,最后再加上你,才会变成 100 只。但我们现在只有……你猜猜看我们有多少只?"

孤单的天鹅一边飞一边想:我到底和多少只同伴擦身而过呢? 但无论它多么用心地思考,仍然无法解开谜底。这时天鹅看见一只鹳鸟在湖中,长长的脚,一面走一面找青蛙。鹳鸟非常聪明,大家都称它为"数学家",有时它好几个小时都用一只脚站着,动也不动地思考问题。天鹅很高兴地飞到湖边,游到鹳鸟身旁,把情形详细地告诉了它。

"嗯!"鹳鸟轻咳一声,接着说,"好,我想想看,你要注意听我的解释哦!"

"我会很专心听的。"天鹅严肃地回答。

"那好,你听到的是不是这样:天鹅群的数目加上相等的数目,加上天鹅群的半数,加上天鹅群的 $\frac{1}{4}$,再加上你,总共是 100 只?"

"对呀!"天鹅用力地点头。

"好,那我们到岸边去吧! 我画图给你看。"

图 21

鹳鸟用它又长又尖的嘴在沙上比画。首先它画了两条等长的线，然后又各画一条 $\frac{1}{2}$ 长度与 $\frac{1}{4}$ 长度的线，最后再加上一点，如图 21 所示。

天鹅游到岸边，摇摇晃晃爬上岸，然后盯着图觉得莫名其妙。

"你看得懂吗?"鹳鸟问道。

"不，我不懂。"天鹅一副垂头丧气的样子。

"你还不懂吗? 好，你注意看啰! 你听到的是不是这样:天鹅数加上相同之数，再加上半数与 $\frac{1}{4}$ 的数目，然后再加上你。我用画线的方式来表示。你看，这第一条代表天鹅的数目，后面依次是一条等长的线、半长的线与 $\frac{1}{4}$ 长的线，最后那一点就是你自己，怎么样? 看懂了没有?"

"哦，我知道了!"天鹅高兴地说。

"你遇到的天鹅数目，加上同数、半数与 $\frac{1}{4}$ 之数，再加上你自己总共有多少只?"

"100 只啊!"

"那么，扣掉你的话剩几只?"

"99 只!"

"对，对，图中去掉表示你的那一点之后，就表示 99 只天鹅了。"

鹳鸟说着用他长长的脚在沙上画出图 22。

图 22

"好，接下来看看 $\frac{1}{4}$ 群与 $\frac{1}{2}$ 群合起来有多少个 $\frac{1}{4}$ 群?"

天鹅沉吟一会，然后看着地上的图说:

"表示半群的线是 $\frac{1}{4}$ 群的线的 2 倍，所以半群代表 2 个 $\frac{1}{4}$ 群，换句话说,半群与 $\frac{1}{4}$ 群合起来有 3 个 $\frac{1}{4}$ 群。"

"了不起!"鹳鸟赞美天鹅后接着问,"好,那完整的一群总共有几个 $\frac{1}{4}$ 群呢?"

"当然是 4 个啰!"天鹅很自信地说。

"对,对,你看这里有 2 个完整的一群、1 个半群和 1 个 $\frac{1}{4}$ 群,合计 99 只。把这些通通改为 $\frac{1}{4}$ 群,总共有几个 $\frac{1}{4}$ 群呢?"

天鹅想了一会儿才回答:

"完整的一群相当于 4 个 $\frac{1}{4}$ 群,再加上另一群也是 4 个 $\frac{1}{4}$ 群,合起来有 8 个 $\frac{1}{4}$ 群;接下来,半群相当于 2 个 $\frac{1}{4}$ 群,那么就有 10 个 $\frac{1}{4}$ 群了,加上了 1 个 $\frac{1}{4}$ 群,总共有 11 个 $\frac{1}{4}$ 群,也就是 99 只天鹅。"

"对,那你知道结果了吗?"鹳鸟又问。

"结果,我遇到那群天鹅的 $\frac{1}{4}$ 的 11 倍是 99 只。"天鹅很快地回答。

"那么,1 个 $\frac{1}{4}$ 群有多少只天鹅呢?"

"1 个 $\frac{1}{4}$ 群有 9 只天鹅。"

"那本来天鹅有多少只呢?"

"一群天鹅有 4 个 $\frac{1}{4}$ 群……啊! 我遇到的那群天鹅有 36 只!"天鹅兴奋地嚷起来。

"嗯! 对极了! 可是你自己却没办法解答,对不对? 天鹅先生!"鹳鸟得意洋洋地说。

59. 农夫与恶魔

有位农夫一边走一边抱怨："实在太苦了！我为什么过得那么辛苦呢？我又穷又苦,活着有什么意思？口袋里只有几个铜板,一下子就会花光了！可是有些人不但很富有,财源还滚滚而来,这实在太不公平了！谁能帮助我变得富有呢？"

说完话的一刹那,恶魔出现在他眼前。

"你刚才说什么？如果你需要钱,我可以帮你,因为这实在太简单了！你看见那座桥没有？"

"看到了。"农夫点点头,心里非常恐惧。

"你只要走过那座桥,你口袋中的钱就会增加一倍,再走回来又增加一倍。每走一次桥,你的钱就会变成两倍。"

"真的吗？"农夫不敢置信地问。

"当然是真的！"恶魔很肯定地回答,"我告诉你的绝不会错！不过,我要你的钱每增加一倍时就给我 24 戈比,你说怎么样？"

"先生,没问题！"农民爽快地回答,"我每过一次桥钱就多了一倍,所以每次给你 24 戈比根本不算什么,我现在可以开始了吗？"

果真,农夫走过那座桥,钱就增加了一倍,他遵守诺言付给恶魔 24 戈比,再回头走第二次,钱又多了一倍,他当然又付 24 戈比给恶魔,接着再走第三次,口袋里的钱又变成两倍,但此时农夫的钱恰好是 24 戈比,为了遵守约定,只好把钱通通给了恶魔,身上连一戈比都没有剩下。

请问农夫身上原本有多少钱？

数学漫画6

问：

　　哥白尼的地动学说是以某一事件为起始，而使整个世界为之改变，称为什么？

　　①地动说式逆转

　　②哥白尼革命

　　③哥白尼式回转

哇！

答：③哥白尼式回转。

　　★哥白尼(1473—1543)是波兰的科学家、数学家、天文学家、神学家兼医师。他推翻了过去1400年间支配世界的地心说，而公开发表日心说，促进了近代科学的发展。将这一理论冠以"哥白尼式回转"一词的是哲学家康德。

60. 农夫与马铃薯

有一天，三位农夫到客栈里吃饭和休息，他们吩咐老板娘煮一锅马铃薯，之后，就到房间里睡觉去了。老板娘煮好马铃薯之后并未叫醒他们，只是把盛马铃薯的碗摆在桌上就离开了。一位农夫醒来，看见桌上的马铃薯，并未吵醒其他两个朋友，把他自己的一份吃完之后又继续睡。过了一会儿，第二位农夫醒来，他不知道一位朋友已经吃过了，于是他数了数碗中的马铃薯，吃掉其中的 $\frac{1}{3}$，然后又继续睡。接着第三位农夫醒来了，他以为他是第一个醒来的，所以数一数碗中的马铃薯，吃掉其中的 $\frac{1}{3}$。这时其他两位农夫都醒了，看见碗内还剩 8 个马铃薯，立刻恍然大悟。请问老板娘原先在碗里盛了多少个马铃薯？他们三人各吃了多少个？剩下的 8 个马铃薯要怎样分配才公平？

61. 两位牧童

伊凡和彼得两位牧童相遇，伊凡向彼得说："把一只羊给我吧！那我的羊的数目就能成为你的 2 倍了。"彼得摇摇头说："不，还是你分一只羊给我比较好，这样，我们的羊就一样多了。"

请问伊凡和彼得各有几只羊？

62. 奇妙的买卖

两位农妇到市场里卖苹果，其中一位农妇每 2 个苹果卖 1 戈比，另一位则每 3 个苹果卖 2 戈比。

她们的篮中分别有 30 个苹果，第一位农妇估计自己卖完苹果之后可得 15 戈比，第二位农妇则预估要赚 20 戈比，二人合起来共赚 35 戈比。为避免恶性竞争，二人商量之后决定把苹果合起来卖。第一位农妇说："我的苹果每 2 个卖 1 戈比，你的每 3 个卖 2 戈比，如果我们想获得预定的钱,应该每 5 个卖 3 戈比才对。"

于是二人把苹果合在一起,每 5 个卖 3 戈比。

卖完之后才觉得奇怪,因为结果比预定多出 1 戈比,也就是 36 戈比,这多余的 1 戈比是怎么多出来的呢? 二人都觉得莫名其妙。到底是怎么一回事呢? 多出来的 1 戈比给谁比较公平呢?

当两位农妇为了这项意外的收入而苦思不解时,旁边的两位农妇听见这情形,也想多赚 1 戈比。

于是这两位农妇也各带了 30 个苹果,第一位农妇每 2 个苹果卖 1 戈比,第二位农妇每 3 个苹果卖 1 戈比,因此,她们预定全部卖完时,第一位农妇可得 15 戈比,第二位农妇可得 10 戈比,合计应该得 25 戈比才对。她们模仿前面二人的方式合作卖苹果,第一位农妇说:"既然我的苹果每 2 个 1 戈比,你的每 3 个 1 戈比,那么,我们每 5 个苹果卖 2 戈比,就能得到预定的数目。"

她们把苹果弄成一堆,每 5 个卖 2 戈比,可是全部卖完后只得到 24 戈比,换句话说,就是亏损了 1 戈比。

两位农妇不知道为什么会这样? 到底谁必须负担那亏损的 1 戈比呢?

63. 捡到钱包

四位农夫——席多、卡普、帕风、波卡从镇上回来时,一路上谈着钱不够用的事。

"啧!"席多突然说道,"假如现在捡到一个装满钱的皮包,我只拿其中的 $\frac{1}{3}$,剩下的都给你们。"

"如果是我……"卡普喃喃自语,"我们四个人平均分配。"

"我只要能得到 $\frac{1}{5}$ 就很满足了!"帕风回道。

"我能得到 $\frac{1}{6}$ 就够了。"波卡也接着说,"可是说这些都没有用,怎么可能在路上捡到钱呢? 不会有人那么傻,把钱丢在路上……"

话还没说完,四个人就发现路边果真有个钱包,于是赶忙过去捡起来。按照他们的想法,席多分得全部钱数的 $\frac{1}{3}$,卡普分得钱财的 $\frac{1}{4}$,帕风得 $\frac{1}{5}$,波卡得 $\frac{1}{6}$。

打开钱包,发现里面有 8 张钞票,其中一张是 3 卢布,其余分别是 1 卢布、5 卢布和 10 卢布的钞票。如果不去换零钱,四人就无法获得自己应得的部分,所以他们决定待在这里等候,一有人经过就和他换钱。这时刚好有人骑马过来。

"嘿!我们捡到钱包。"四位农夫异口同声地说,"想把里面的钱平分掉,你有 1 卢布的钞票和我们换吗?"

"我身上没那么多 1 卢布的钞票,不过,你们先把那个钱包给我,我加上我自己的 1 卢布,能使你们每人得到你们所预期的钱数,而我只要剩下来的钱包就行了。"

农夫们欣然同意。于是那个骑马的人把全部的钱拿出来,分给席多 $\frac{1}{3}$、卡普 $\frac{1}{4}$、帕风 $\frac{1}{5}$、波卡 $\frac{1}{6}$,然后将钱包归自己所有。

"好,各位多谢啦!你们满意,我也满意!"他说完就骑马离开了。

那些农夫觉得很奇怪。

"他为什么要谢我们呢?"

"我们来算算全部的钞票有几张就知道了。"卡普提议道。

他们数了数,仍然是 8 张,没错。

"可是,那张 3 卢布的钞票在谁身上?"

"我们都没拿到。"

"那究竟到哪儿去了?难道我们被他骗了?现在大家算算我们被骗了多少钱?"

四人在心里默默地计算着。

"不!我得到的比预定的还多呢!"席多先喊出来。

"嗯,我也多了 25 戈比(1 卢布有 100 戈比)。"卡普接着说。

"为什么会变成这样?为什么他给我们四个人的钱比预定的还多呢?而且他还拿走了 3 卢布的钞票,可见我们上当了!"农夫们最后下了结论。

请问农夫到底捡到多少钱？那个骑马的人有没有骗他们呢？他分给四个人各多少钱？

64. 分配骆驼

有位老人在临终前把骆驼分给他的三个儿子,老大得到全部的一半,老二得 $\frac{1}{3}$,老幺得 $\frac{1}{9}$。老人死了之后,留下 17 头骆驼。当三个儿子想分配骆驼时才发现:17 不能被 2、3、9 除尽,于是兄弟三人去请教村里的长老。长老骑来自己的骆驼,然后按照老人的遗嘱进行了分配。请问他是怎么做到的?

65. 桶里究竟有多少水

有一则故事是这样的:某位农夫雇用一名男子,要求他做一项很奇怪的工作。

"这里有一个木桶,要你只装半桶水在里面,不能多也不能少,而且不能使用木棒或绳子来量。"

最后这名被雇用的男子完成了农夫交代的工作,请问他用什么办法去测量桶内的水究竟有多少?

66. 分派卫兵

图 23

在正方形的城堡里,16 个卫兵沿着城墙站岗,小队长将他们分配成如图 23 所示,每边各 5 人。这时中队长来了,他不满意这种分配方式,于是下令将每边改为 6 人。中队长走了之后,将军来了,他认为中队长的命令很不妥当,并且大发脾气,然后将每边改成 7 个卫兵。

卫兵人数不变,那么,后来的两种分配方式应该是怎样的呢?

数学漫画 7

问：

　　说出"人类是会思考的芦苇"这句名言的数学天才帕斯卡,据说他是最早发明计算器的人。是真? 是假?

答:真的。虽然这部计算器仅能用于加减运算,却是他为替父亲解决税务计算的烦恼所发明的世界上第一部手动式计算器。当时他只有 18 岁。

　　★ 帕斯卡(1623—1662)是法国的哲学家、数学家及物理学家。他十几岁时就自己钻研,发现阿基米德几何学的定理,16 岁发表"圆锥曲线论",以帕斯卡定理而闻名。

67. 被蒙骗的主人

　　主人在酒窖里设置了一个隔成 9 格的正方形酒柜,中间那格为了摆空瓶,所以不放酒,角落的 4 个格子里各摆 6 瓶酒,四边中央的格子各摆 9 瓶酒,合起来总共有 60 瓶,同时正方形每边各有 21 瓶酒。(如图 24)

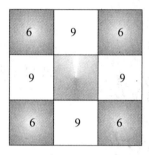

图 24

　　某个仆人发现主人在清点瓶数时,只是数一数正方形各边是不是 21 瓶而已。因此,仆人先偷了 4 瓶酒,然后将其余的排成每边 21 瓶,等到主人来检查的时候,按照以往的方式数了几遍,发现每边仍然是 21 瓶,故以为仆人只是把酒瓶的位置稍作变更,并不在意。仆人见主人如此粗心大意,又悄悄地偷了 4 瓶,把剩余的酒瓶排成每边 21 瓶。请问这仆人在行得通的情况下,最多能偷几瓶酒?

68. 伊凡王子和魔术师

　　在此简单扼要地介绍一则有趣的故事,不过,和我们有关的只是这故事中的数学问题。

　　有个王国的王子叫伊凡,他有三个妹妹。大妹是玛丽亚公主,二妹是欧佳公主,幺妹是安娜公主,他们的父王和母后很早以前就去世了。

　　伊凡王子把三个妹妹分别嫁给铜国、银国与金国的国王,自己一个人留在王宫里。和妹妹分开一年后他觉得很寂寞,于是决心去找妹妹们。

　　途中,伊凡王子邂逅了美丽的艾莉娜,两人不久就陷入爱河。可是好景不长,长生不老的魔术师喜欢艾莉娜的美色,强行将她掳走,并强迫艾莉娜嫁给他。可是,艾莉娜死也不从,魔术师一怒之下施展法术把艾莉娜变成了一棵小小的白桦树。

伊凡王子为了拯救艾莉娜,带领着士兵,经过长途跋涉之后,终于到达女巫的古堡,把详细情形告诉女巫,并请求女巫协助他寻回心爱的艾莉娜。由于女巫和魔术师是死对头,所以女巫立刻同意了。

"想要化解魔术师的魔法,必须要请铜国、银国、金国的国王在深夜12点和你一起念咒文,同时还会使魔术师丧失法力。"

然而,有只乌鸦听到女巫和伊凡王子的对话,偷偷跑去报告了魔术师。

女巫在临别前送给伊凡王子一个魔戒。

"这只魔戒会带你到魔术师那里,假如需要开锁或锁紧的话,只要命令魔戒,立刻就能如愿以偿。祝你好运!"

伊凡王子和他的士兵一离开古堡就被埋伏已久的魔术师抓走,关进一个很深的地窖里。

"伊凡,我绝对不会让你再见艾莉娜一面!"

故事接下来描述地窖的情形,在正方形的地窖里,沿着墙壁设置了8个牢房(如图25,以小方格表示),地窖的出口只有1个,却用7道门锁得密不透风。伊凡王子和士兵总共有24人,于是魔术师分配每个牢房关3个人。

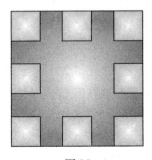

图 25

每天晚上,魔术师都到地窖里去嘲笑伊凡王子,并清点人数,由于他只会从1数到10,所以在检查时都是数一数每边3个牢房是不是9个人,然后才放心离去。

可是这些困难根本难不倒伊凡王子。他利用魔戒的神力把 7 道门全部打开,然后派 3 名士兵分别到铜国、银国、金国去求救;同时为了避免魔术师起疑心,伊凡王子把剩余的士兵重新配置,使每边都是 9 个人。

第二天晚上魔术师又到地窖里来了。他抱怨士兵们没有乖乖地待在牢房里,接着清点每边的人数,发现都是 9 个人,所以没有怀疑。

没多久,派出去的士兵和铜国、银国、金国的国王一起回到了魔术师宫殿的地窖里。

那时魔术师刚好又来清点人数,由于伊凡王子把全部士兵和 3 个国王沿着墙壁每边排成 9 人,因此又一次成功地骗过了魔术师。

在深夜 12 点的时候,3 个国王和伊凡王子一起到宫殿门口念咒文,结果,艾莉娜立刻恢复了原来美丽的模样,大家平安无事地离开魔术师的王国。最后伊凡王子和艾莉娜结婚了,从此两人过着幸福快乐的生活。

故事到此结束。剩下的问题是:伊凡王子如何安排了士兵,才成功地骗过魔术师?

69. 寻找蘑菇

有个爷爷带了四个孙子到森林里找蘑菇,一到森林大家就分头去找蘑菇。半小时之后,爷爷在树下清点大家所找到的蘑菇,数了数总共有 45 个,可是这 45 个通通是爷爷找到的,四个孙子都两手空空地回来,一个蘑菇也没找到。

"爷爷!"其中一个孙子恳求道,"我不想拿着空篮子回家,你的蘑菇分一点给我好不好? 反正你很会找蘑菇,分一些给我没关系。"

"爷爷,我也要!"

"我也要一些!"

于是爷爷把蘑菇通通分给孙子,自己一个都没有剩下,接着大家又分头去找蘑菇。最后,第一个孙子找到 2 个蘑菇,第二个孙子弄丢了 2 个,第三个孙子找到的蘑菇数量和爷爷所给的相同,第四个孙子把爷爷给他的蘑菇弄丢了一半,回家时大家数了数篮内的蘑菇,发现四个人一样多。

请问这四个孙子从爷爷那儿各得到多少个蘑菇？回家时又拥有多少个？

70. 总共有几个蛋

有位妇人提着一篮鸡蛋沿途叫卖。一个行人在擦身而过时不小心把鸡蛋撞落在地上，里面的鸡蛋全都破了，于是行人想用现金来赔偿妇人所损失的鸡蛋。他问妇人篮内一共有多少个鸡蛋，妇人回答："不清楚呢！我只知道把蛋每2个一数余1，每3个、每4个、每5个、每6个一数也都余1，但每7个一数就刚刚好，不多也不少。"

请问妇人总共带了多少个鸡蛋？

71. 调回正确的时间

彼得和伊凡两人是好朋友，而且住在同一镇上，相邻不远。他们家里各有一个挂钟，有一次彼得忘了旋紧自己家里挂钟的发条，结果钟停止不动了。"我要到伊凡家里去，顺便看看正确的时间。"彼得说完后到伊凡家里去，回家后顺便将自己家里的钟调回了正确的时间。

请问他是怎样做到的？

72. 猜猜看，被墨水弄脏的数字是什么

在笔记里发现如图26的备忘录。

> 每匹值49卢布36戈比的布料，卖了 ■ 匹，
>
> 收入 ■ 7卢布28戈比。

图 26

这项记录由于几个地方沾到墨水，所以卖出去的匹数和收入后面的3个数字看不清楚了。请你根据剩余的资料推断出，这些被墨水弄脏的数字是什么？

数学漫画 8

1+2+3+⋯+99+100 Ⓐ
这样逐一加下去任何人都会计算，但他又再写出另一数列：

100+99+⋯+3+2+1 Ⓑ

然后Ⓐ+Ⓑ，得出

101+101+⋯+101+101

问：

近代数学大师高斯上小学二年级时，老师问："1 加到 100 的总和是多少？"没想到他立刻回答："5050！"他的计算方法如是左图。

接下来该怎么做呢？这才是真正的问题。

答：101×50。

Ⓐ+Ⓑ为 101+101+⋯+101+101，共加 100 次，其实真正的和只有上式和的一半，因此答案为：101×100÷2 = 101×50 = 5050。能用如此简易的算法，不愧是数学天才。

73. 一群士兵

　　某家小吃店沿着墙壁各摆一张桌子,总共摆了 4 张。这时有 21 个刚演习完毕、又饥又渴的士兵来到店里,老板立刻招待他们坐下,每张桌子坐 7 个人,3 张桌子刚好可以容纳 21 个士兵,剩余的那张桌子由老板一人独坐。(图 27 的短线代表老板和士兵)稍后,士兵们与老板约定,包括老板在内共 22 人,以顺时针的方向来数,每数 7 人,那 7 人就离开店里,由最后剩下的那个人付账,结果,最后剩余的那个人就是老板,士兵们早已不知去向。请问:要从谁算起才会这样?

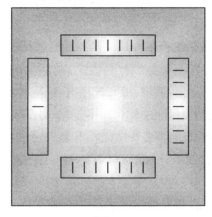

图 27

　　如果 3 张桌子各坐 4 名士兵,想要老板付账时,又应该从谁算起才对?

74. 赌注

　　在客栈门口,一个脾气暴躁的乘客一看见马车夫立刻问道:

　　"你是不是该把马牵过来准备一下了?"

　　"你说什么?"马车夫回答,"30 分钟以后才出发,在这段时间里,我可以将马绑上又解开 20 回呢!我不是新手……"

　　"哦,那么你的马车能系几匹马?"

"5匹。"

"系那么多马需要几分钟?"

"顶多2分钟。"

"真的?"乘客怀疑地问,"5匹马在2分钟之内绑好!这速度快得令人无法置信。"

"那没什么。"马车夫露出自负的神情,从马厩里把马牵出来,套上马具,然后装上有支棍的拖绳和马缰,再把支棍上的铁环挂在挂钩上,接着把中间的马很牢靠地绑在车辕上,然后握住马缰,跃上驾驶座,高喊一声:"大功告成了! 出发!"

"嗯,真好。"乘客很肯定地说,"我相信你能在30分钟内将马绑好又松开,连续20回。但如果把马一匹匹地解开、绑住,你可能一两个小时都做不完。"

"才不会呢!"马车夫很傲慢地说,"你的意思是不是把一匹马绑好之后,再解开换另一匹? 不管是以什么方式,我都能在一小时之内把它们全部绑好。一匹弄好之后换另一匹,这样嘛,很简单啊!"

"不,不,我的意思不是这样。并不是叫你把马按我喜欢的方式来换……"乘客急忙解释道,"如果你所言不虚,每换1匹只需一分钟即可,那么,我要你把5匹马变成所有可能的顺序,这样你需要费多少的时间?"

由于自尊心作祟,马夫很快地回答:

"还是一样,我绝对能在一小时之内,把马匹能够变换的位置全部更换一遍。"

"如果你真的能在一小时之内做好,我就给你100卢布。"乘客和马车夫打赌说。

"好! 如果我没有办法做到,虽然我并非不想赚钱,但还是免费载你一程,如何?"马车夫答道。

结果究竟如何,各位知道吗?

75. 谁是谁的妻子

有三个农夫——伊凡、彼得、亚力克,分别带着他们的妻子到市场去购物,而三个妻子的名字分别是玛丽亚、卡狄莉娜和安娜,至于谁是谁的妻子就不得而知了,只能从下列的条件来推测:假设他们6人,每人花在买商品的戈比数等于商品数量的平方,而且每个丈夫比自己的妻子多花48戈比,现在伊凡比卡狄莉娜多买9件商品,而彼得比玛丽亚多买7件。

请问,究竟谁是谁的妻子?

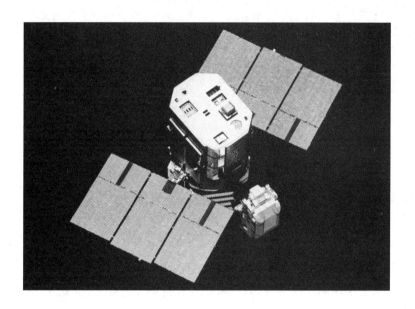

数学漫画 9

$$\sqrt[3]{6064321219}$$
$$\approx 1823.591$$
1823 是年份，
0.591 表示月日。

问：

　　对前人未曾研究的椭圆函数进行挑战的阿培尔从留学地写信给中学时代的恩师时,日期如图表示。

　　究竟是指几月几日呢?

　　提示:它是 1 年的 0.591 之意。

答:8 月 4 日。

　　1 年的 0.591 是 365×0.591＝215.715 日。

　　1823 年那年是平年。那么,第 216 日便是 8 月 4 日,也就是 1823 年 8 月 4 日。

七、折纸的问题

每个读者可能都有用正方形的纸片折小船或盒子的经验。这些都是利用正方形的纸张以各种方式折出来的,而且,我们要凭着许多折线才能将纸折成心中想要的形状。不过,在此要向各位读者介绍:使用纸上的折线不仅能折出许多有趣、奇妙的图案,还能对平面上许多的图形及特性有更清楚的了解。现在准备普通的白纸以及能够压平皱折与割掉多余部分的刀片,只用这些工具就足以让我们开始学习几何图形的基本知识。

大家应该都有这样的经验,首先把纸折起来,使其中两点重叠在一起,接着手指捏住那两点,用刀片压平皱折。但有没有想过这折线为什么是直线呢? 其实,稍微一想便知其中的道理与几何学的一条定理相同。也就是与固定两点之间等距离的点,集合起来便成为一条直线。

一般而言,在有关几何学的基本问题里,经常会用到这条定理。

76. 长方形的做法

现在有张形状不规则的纸,怎样利用一把刀片把它割成长方形?

77. 正方形的做法

将长方形的纸折成正方形看看。

现在我们透过问题的答案(请参考卷末的解答部分)来说明正方形的特质。通过两个相对顶点的折线是正方形的对角线,接着再折能够通过正方形另外两顶点的折线出来,如图 28 所示,就形成另一条对角线。

图 28

实际上加以重叠,就会发现正方形的两条对角线互相垂直平分,而且这两条对角线的交点就是正方形的中心。

每条对角线可以将正方形分成两个全等三角形,这两个三角形的顶点都位于正方形的顶角上,而且都拥有等长的两边,故称之为等腰三角形;同时这两个三角形都拥有一个直角,所以也称为直角三角形。

由此可见,正方形的两条对角线可将正方形分割为四个等腰直角三角形,而这四个三角形的共同顶点为正方形的中心。

接下来我们将正方形对折,使其一边和相对的那边重合,就可以获得一条通过中心的折线。(如图 29)在此简单说明这条折线的性质:①与正方形另两条边垂直;②将那两条边平分;③和正方形相对的两条边平行;④其中点恰好是正方形的中心;⑤此折线将正方形分成两个全等的长方形;⑥这长方形的对角线所分成的三角形大小相同(面积相等)。现在把正方形连续对折两次,所形成的两条折线将原来的正方形分成四个全等正方形。(如图 29)

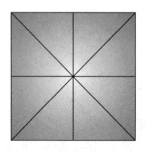

图 29

现在把这个大正方形的四个角沿着小正方形的对角线对折,就能得到此正方形的内接正方形。(如图30)这个内接正方形的面积不仅是大正方形的一半,其中心也和大正方形的中心相同,这是很容易就能确认的。接着再把内接正方形各边的中点依次连接,又可得到一个面积为原本正方形面积1/4的小正方形。(如图31)

在这个小正方形里,还可按照上述的方式,做一个内接正方形,其面积为原来正方形的$\frac{1}{8}$,然后可以同样的方式再做一个面积为原正方形$\frac{1}{16}$的小内接正方形,如此继续下去,可做出无数个正方形。

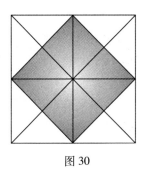
图30

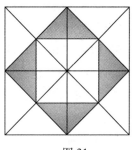
图31

此外,通过正方形中心的任何一条折线,都可将正方形分成两个全等的梯形。

78. 等腰三角形的做法

将一张正方形的纸,折成等腰三角形看看。

79. 正三角形的做法

把正方形的纸折成一个正三角形。

现在我们来看看这个三角形(请参考后面的解答部分)有哪些性质?把做好的正三角形的两边及底边重叠,可得到3条与三角形的高线重合的折线AA'、BB'、CC'。(如图32)

观察图32就能了解正三角形所具有的特性:每条垂线都把三角形分为2个全等直角三角形,同时也平分对应边,并且和对应边互相垂直;

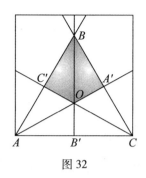

图 32

此外,这 3 条垂直线交于一点。

假设 AA' 与 CC' 的交点为 O,直线 BO 延长直至 B' 与 AC 相交,现在证明线段 BB' 也是三角形的垂线之一。其实,观察三角形 $C'OB$ 与三角形 BOA' 就能明白其中的道理。

首先我们都知道,$|OC'|=|OA'|$,于是角 OBC' 和角 $A'BO$ 相等,那么就能了解三角形 $AB'B$ 与三角形 $CB'B$ 中,角 $AB'B$ 和角 $CB'B$ 不仅相等,而且都是直角,所以 BB' 为正三角形 ABC 在 AC 边上的垂线,同时也是三角形的 3 条垂线之一。

同理,OA,OB 以及 OC 相等,那么,OA',OB' 和 OC' 也是相等。

因此,可以 O 为圆心画出通过 A、B、C 的圆,以及通过 A'、B'、C' 的圆,后者与三角形的各边相切正三角形 ABC,可分为 6 个有相同顶点的全等直角三角形,同时也可分为能够画出外接圆的 3 个全等四角形。

而三角形 AOC 的面积为三角形 $A'OC$ 的 2 倍,

于是　　$|AO|=2|A'O|$

同理　　$|BO|=2|B'O|$

　　　　$|CO|=2|C'O|$

换句话说,三角形的外接圆半径等于内切圆半径的 2 倍。

此外,正方形的直角顶点 A,被 AO 与 AC' 分割成 3 等分,所以角 BAC 等于直角的 $\dfrac{2}{3}$,而角 $C'AO$ 和角 OAB' 则为直角的 $\dfrac{1}{3}$。

至于点 O 处的 6 个角都等于直角的 $\dfrac{2}{3}$。

现在将纸沿直线 $A'B'$,$B'C'$ 以及 $C'A'$ 折折看(如图 33),会发现三角

形 $A'B'C'$ 也是一个正三角形，其面积为三角形 ABC 的 $\frac{1}{4}$；同时，$A'B'$，B' C'，$C'A'$ 不仅分别和 AB，BC，CA 平行，前者的长度还刚好是后者的一半。此外，$AC'A'B'$ 很明显是个平行四边形，$C'BA'B'$ 和 $CB'C'A'$ 也一模一样，至于垂线 CC'，AA'，BB 则分别被 $A'B'$，$B'C'$，$C'A'$ 平分。

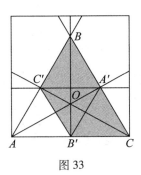

图 33

80. 正六角形的做法

把正方形的纸折成一个正六角形看看。

我们将问题的结果再作更进一步的研究。

如图 34 所示，由正三角形和正六角形所形成的漂亮图案，是很容易做到的。首先，将正六角形的各边 3 等分，然后分成许多全等的正六角形和正三角形（如图 35），就形成一幅很美丽的对称图案了。

不过，也可以用如下的方式来做正六角形：先做成一个正三角形，接着把三角形的顶点往中心折。

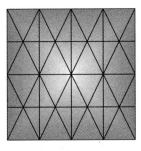

图 34

我们由正三角形的概念,可以很轻易地了解以这种方式所得的正六角形的边为原来正三角形边的$\frac{1}{3}$。同时,这个正六角形的面积相当于原来正三角形面积的$\frac{2}{3}$。

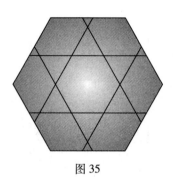

图35

81. 正八角形的做法

在正方形的纸上做个正八角形看看。

数学漫画 10

问:

　　-4,-2,2,4,6……能被 2 除尽的数,称为偶数;1,3,5, 7……被 2 除余 1 的数,称为奇数。这是一般人都知道的常识。

　　那么,0 是奇数还是偶数?

答: 是偶数。

　　★ 0 被视为偶数,因此应解释成:"所谓偶数是……-4, -2,0,2,4……"才对。

82. 特殊证明

学过几何的人应该都知道,三角形的内角和刚好是 2 个直角。但很少人知道只需要一张纸就能够"证明"这项基本定理。

为什么要将"证明"用引号来表示呢?严格地说,与其称之为证明,倒不如说使用简单的实物来说明比较恰当。但无论如何,这种富于智慧的方法,不仅非常有趣,也更值得大家参考。

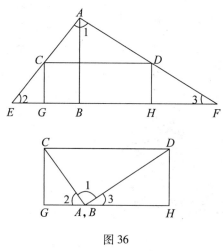

图 36

首先,把纸任意裁成一个三角形,然后沿着直线 AB 折纸,使底边的左右重叠,接着再沿直线 CD 折三角形,使顶点 A 和 B 重叠,然后把三角形沿直线 DH 与 CG 折起来,使点 E 和点 F 与点 B 重叠,如此就得到长方形 CGHD,可见三角形的 3 个内角(∠1,∠2,∠3)和为 180°。(如图 36)

由于这种方法中的道理一目了然,所以,即使是没学过几何的儿童也能够了解这项基本定理的意思。至于具有几何常识的人则一目了然,十分有趣。其实,要清楚了解这个道理并不难,但在此作者不想剥夺各位读者自己去寻找这种特殊"证明"方式的乐趣。

83. 毕氏定理

请证明以直角三角形斜边为边长的正方形的面积与以该直角三角形的其他两边分别为边长的正方形的面积之和相等。

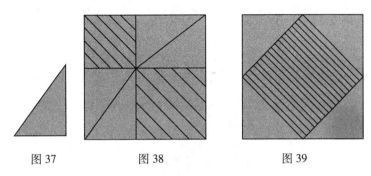

图 37   图 38   图 39

直角三角形如图 37 所示,然后画出以不和直角相对的两边和为边长的正方形两个。在图 38 与图 39 的正方形中,按照图中的方式作图看看。接下来根据图形,从两个完全相同的正方形里扣掉四个相等的直角三角形。照理说,从相等的面积里扣掉相等的部分,所剩余的部分也应该相等。如图 38 与图 39 所示,将剩余的部分画上斜线就会发现图 38 所剩余的部分刚好是两个正方形,而这两个正方形的边长恰好是直角三角形不和直角相对的两条边;图 39 的斜线部分则是一个以直角三角形斜边为边长的正方形。由此可见,前面两个正方形的面积之和刚好等于后面的正方形的面积。

于是,著名的毕氏定理就被证明出来了。此外,将正方形的纸折成如图 40 所示,也能证明这项定理。

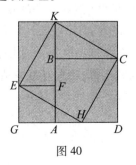

图 40

在这里，*GEH* 为直角三角形，以 *EH* 为边长所做的正方形的面积与以 *EG*、*GH* 分别为边长所做的两个正方形的面积之和相等。

84. 怎样裁

接下来不仅折纸，还要用刀片把纸裁开，这样便能产生更多有趣的问题。

3 个相等的正方形排列如图 41 所示，把这图形裁去一部分，使剩余的部分合成一个中央有正方形孔的正方形。

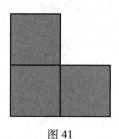

图 41

85. 将长方形变成正方形

现在有一张长方形纸，宽为 4，长为 9，把它割成全等的 2 块，使这 2 块合成一个正方形。

86. 地毯

某个主妇有块 120cm×90cm 的长方形地毯，其中有 2 个对角（图 42 的斜线部分）磨损了，必须将其剪掉。由于这个主妇想将地毯恢复成长方形，所以，她打算把缺了两角的地毯剪成 2 块，然后再缝成长方形。地毯工人便按照主妇所要求的条件，将地毯恢复成了长方形。

请问他是怎样办到的呢？

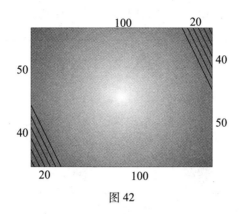

图 42

87. 两块地毯

某个主妇有两块格子图案相同的地毯,其中一块的尺寸为 60cm×60cm,另一块为 80cm×80cm,如今她想利用这两块地毯做一块尺寸为 100cm×100cm 的格子地毯。

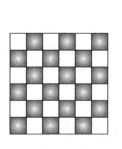 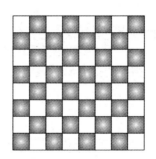

图 43

地毯工人接受了这项工作,并和主妇约好:两块地毯都不能裁成三块以上,而且每个格子都不能遭到破坏。

在这种情况下,工人要怎么办才能完成主妇所交代的工作?

88. 玫瑰图案的地毯

有块地毯(如图44)上面有 7 朵玫瑰花,现在想以 3 条直线将地毯分成 7 部分,要怎样才能使每一部分都有 1 朵玫瑰花?

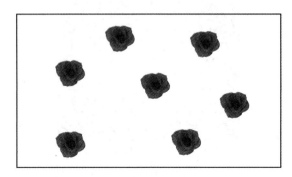

图 44

89. 将正方形分成二十个全等三角形

将正方形的纸裁成 20 个全等三角形,然后再合并为 5 个相等的正方形。

90. 由十字形变成正方形

由 5 个相等的正方形所做成的十字形,分割为几部分才能组合成一个正方形?

91. 把一个正方形变成三个相等的正方形

把正方形分成 7 部分,然后组合成 3 个相等的正方形。

将此问题一般化,如下列的方式:

①把正方形分割成几部分,然后再合并成数个相等的正方形。

②分解正方形,然后再合并成几个相等的正方形,也就是把原来的正方形变成好几个相等的正方形。

92. 将一个正方形变成两个大小不同的正方形

把正方形分成 8 部分,然后将这 8 部分组合成 2 个正方形,使其中一个面积为另一个的 2 倍。

93. 将一个正方形变成三个大小不同的正方形

把正方形分成 8 部分,然后再组合成 3 个正方形,使这 3 个正方形的面积比为 2∶3∶4。

94. 将六角形变成正方形

把正六角形分解为 5 部分,将这 5 部分组合成正方形。

数学漫画 11

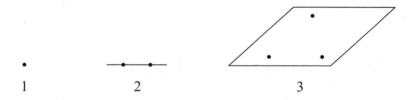

► 1是点,2是直线,3是平面

哼!

郑重声明,这可不是我的大便。

我要

问:

●一个是点,●●两个可成一线,●●●三个可成一平面,那么四个可成什么?

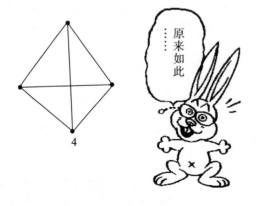

……原来如此

答:成立体。

4

八、图形的魔术

95. 遁形线之谜

在长方形纸上如图 45 所示,画出 13 条等长的线段,接着沿左端线的上方至右端线的下方的连线 MN,把长方形分割成两部分。然后把两部分如图 46 移动,就会产生有趣的情形:13 条线变成 12 条线了! 其中一条线忽然消失得无影无踪。猜猜看,它究竟躲到哪儿去了?

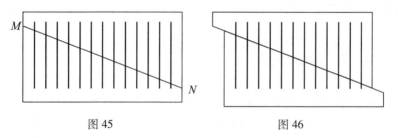

图 45　　　　　　　　图 46

其实,把这两个图所画的线段长度加以比较,就会发现图 46 的线段比图 45 的线段长 $\frac{1}{12}$。换句话说,第 13 条线段并没有凭空消失,而是平分给了 12 条线,每条线平分到 $\frac{1}{12}$ 罢了。至于几何学的理由,也很容易理解(参考图示)。研究直线 MN 和所连接的平行线上端所形成的角,平行线横断角的内部,而和角的两边形成相交的状态。由于三角形相似,直线 MN 以第二条线切掉 $\frac{1}{12}$,第三条线切 $\frac{2}{12}$,第四条线切 $\frac{3}{12}$,直到第 13 条线为止，各依次增加 $\frac{1}{12}$ ，然后将两张纸片移动，如此每条线（从第二条以后）所切掉的部分，会加在前面那条线下部分的上方，每条被切掉的线都比原来长 $\frac{1}{12}$ ，但由于增加的部分极为渺小，乍看之下不易察觉，因此第 13 条线就好像莫名其妙地消失了一般。

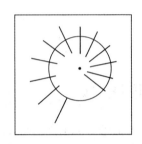

图 47　　　　　　　　　　　图 48

为了更进一步了解这效果，如图 47 所示，把纸裁开，使线段排成圆周，固定重心使其能够自由旋转，然后转一下圆周，就会发生如上述一条线消失的情形。（如图 48）

96. 马戏团的舞台

根据前述相同的原理，描绘于下图 a 与 b 的是非常机智的游戏。

在马戏团的舞台上，有 13 个小丑（如图 a），每旋转一次舞台，13 个小丑就变成 12 个（如图 b），其中有个小丑不见了！在圆的内侧向同伴挑战的小丑究竟躲到哪儿去了？

如果没有前面的图例，这个小丑的消失一定会造成各位读者的困扰。但是，现在我们已经了解了其中的奥秘，很快就能明白，他和前面问题中的第 13 条线一样"融解"了，融解于两个同伴之间。

a

b

97. 巧妙的修补

有艘航行中的木船,船底有个长 13cm、宽 5cm 的长方形破洞,面积为 $13×5=65(cm^2)$。

该船的船匠找了一块边长 8cm 的正方形木板(面积为 $64cm^2$),按图 49 所示,分割为 A,B,C,D 四部分,再加以组合,拼成恰好符合破洞的长方形(如图 50),然后用这块木板塞住破洞,也就是指这名船匠成功地将 $64cm^2$ 的正方形木板改成了 $65cm^2$ 的长方形木板。请问他是怎样做到的?

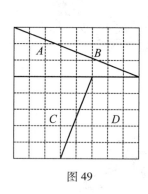

图 49

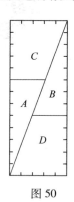

图 50

98. 另一种魔术

还有一种能使正方形变形的“魔术”。现在有一个边长 8cm、面积 $64cm^2$ 的正方形,如图 51a 所示,分成 3 部分,然后将这些部分按图 51b 组合起来,可做出面积为 $7×9=63(cm^2)$ 的长方形。为什么会这样呢?

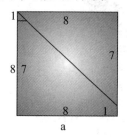

a

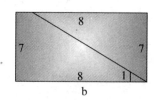

b

图 51

99. 类似的问题

画一个宽 11cm、长 13cm 的长方形,沿着对角线切开(如图 52),将其中的一个三角形沿共同的斜边移动至如图 53 所示的位置,使图形看起来好像是由边长 12cm、面积 144cm² 的正方形 VRXS,再加上两个面积各为 0.5cm 的三角形 PQR 与三角形 STU 组成的,可见图 53 的全体面积应为

$$144+2×0.5 = 145(cm^2)$$

可是,原来长方形的面积却只有

$$13×11 = 143(cm^2)$$

为什么会这样呢?

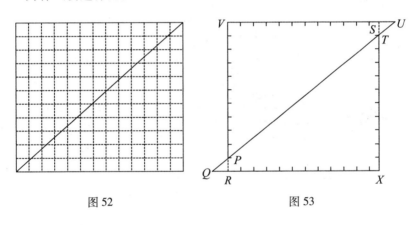

图 52   图 53

100. 地球与柑橘

假设用绳子绕地球赤道一周,另一方面,也同样在柑橘周围绕最大圈一周。现在把绕地球的绳子和绕柑橘的线各加长 1m,此时,绳子和线都会离开地球和柑橘的表面,产生一些空隙。请问这时地球与绳子之间的空隙大,还是柑橘与线之间的空隙大?

数学漫画 12

细长的纸带扭转一次。

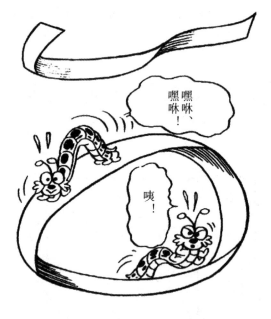

将两端的表面与背面黏合。

问：

　　莫比乌斯带是如图扭转的神奇带子。这种带子是为什么目的做成的？

　　①为证明宇宙是扭转的。

　　②只是好玩。

　　③作为无法明确方向的曲面例子。

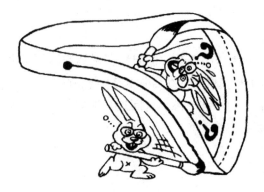

答：作为无法明确方向的曲面例子。

　　★ 用笔在莫比乌斯带上画一圈后，可发现两面都能画出线来。这将令人联想到二次元或三次元。

九、猜数字游戏

首先在此说明所谓的猜数字游戏。

当然,这并非猜谜,而是需要解答问题。首先要对方设定一个数字,不要问对方是什么数字。让对方进行与本身所设的数字无关的运算,然后请他说出计算结果,这时猜数者就能根据结果猜出对方所设定的数字。

问题的形式可按照自己喜欢的方式来规定,可以做出非常有意义的游戏,不仅能培养快速心算的能力,还可以结合孩子的情况,设定简单或较复杂的数字,阶段性地培养心算的能力。事实上,问题的理论根据相当简单,下面以简单的例子来说明。如果读者认为这里的"说明"太困难而无法理解的话,可省略此部分,直接跳到问题;如果能正确解答,那么,可依自己的能力来揭开所有问题的答案。

同时,也希望各位留意到在此所叙述的多半是问题中不太有趣的构架部分,不过,读者们可将在此所列出问题的各种条件,凭自己的方法和想象加以应用,当然也可利用所知道的常识加以发挥运用。

101. 猜数字

将数字 1 至 12 排成圆形(如图 54),利用这圆形可轻易猜出对方所设定的数字。

在进行这项游戏时,可利用钟、表之类的物品,让对方设定某个时间,也可使用骨牌来让对方设定某个点数。那么,到底怎样才能猜出数字呢?

首先,请对方设定一个圆形上的数字,然后猜数者任意指出圆上的

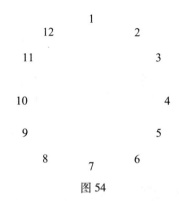

图 54

一个数字,并在此数上加上 12(也就是此圆的最大数),可得某数,再大声说出答案。接下来让对方从所设定的数开始,默数至刚刚大声回答的数字,同时,从你(猜数者)刚才所指定的数,顺时针方向,用手指一个个数下去。那么,对方最后所指的数,就是刚才所设定的数。

举例说明,假设对方设定 5,而你(猜数者)指定 9,在心中默默地给 9 加上 12,然后要求对方:

"从你所设定的数开始默数至 21,在数的时候,用手指从 9 开始,按顺时针方向,指着圆周上的数字,数到 21 时把你所指的数字告诉我。"

当对方按照你的要求数到 21 时,他的手指刚好指在他所设定的 5 上。

还可将这问题应用得更神秘一些。

首先请对方设定一个数字(假设是 5),你指定 9,在心中默默加上 12,然后开口说:

"现在我用铅笔(手指)打拍子,从你所定的数开始,我每打一拍你就把数字加 1,一直到 21 的时候,你大声喊'21'好不好?"

接着,你按 9,8,7,…,1,12,11,…的顺序打拍子,对方则在内心默数 5,6,7,…当他喊"21"的时候,你刚好数到 5。

"你设定的数字是 5,对不对?"

"是呀!你怎么知道?"对方心里一定很惊讶,这究竟是怎么一回事呢?

102. 还剩下多少

你让朋友两手都拿相同的东西(例如火柴棒),而且规定每只手所拿的东西数量在固定的数 b 以上,此数不让你知道。接着,你让朋友从右手转移你指定的数量到左手(例如 a,这时 a 当然小于 b)。然后,仍然在你不知道的情况下,让朋友从左手去掉与他右手所剩余的数目相同的数目,最后在不让你看见的情况下,再把右手的东西全部放下。这时,你就能判断出朋友的左手有 $2a$ 个东西,为什么?

103. 差是多少

要求朋友写一个两位整数,然后将此数的数字互换位置,并算出新数与原数的差。只告诉你差的个位数,你就能马上猜出差是多少,为什么?

104. 商是多少

要求朋友写一个三位整数,但是,数字的两端必须由你选定才行。接着将两端的数字互换位置,又形成一个新数,然后让朋友将这两数以大减小做差,你就能马上知道所得差必能被 9 除尽,并且能预先说出被 9 除尽时的商是多少,为什么?

105. 数字 1089

可将前面的问题改编得更加有趣(尤其对孩子而言)。

将写有数字 1089 的纸装进信封,并封缄。然后把信封交给对方,让他在上面写下所设的三位数,此数的两端数字不可相同,其差必须在 2 以上。接下来让他把两端的数字互换,并求出原数字与新数字间大数减小数的差,再将差两端的数字互换,把所得到的数加到差上,求出答案。打开信封就会发现信封内写的 1089 和你朋友所计算出来的答案完全相同,为什么?

106. 所设定的数字是什么

请朋友设定一个数字,然后让他把此数乘 2,再加上 5,再给和乘 5,再加上 10,再给和乘 10,然后让朋友说出答案。把答案扣掉 350,结果就是你朋友所设定的数的 100 倍,为什么?

例如,朋友设定的数字是 3,其 2 倍为 6,加 5 为 11,11 的 5 倍是 55,加 10 为 65,65 的 10 倍是 650,再减去 350 得 300,换句话说,是 3 的 100 倍。由此便可猜出朋友设定的数字是 3。请问原因何在?

107. 神奇的数字表

现在有一个把 1 至 31 的数字按规则排成 5 列的数字表,这个数字表具有如下神奇的性质。

首先设定一个数字(当然不能大于 31),然后告诉我此数位于该表的哪几行,我就能立刻猜出所设定的数为多少。

例如,你设定 27,然后告诉我位于左起的第一列、第二列、第四列与

5	4	3	2	1
16	8	4	2	1
17	9	5	3	3
18	10	6	6	5
19	11	7	7	7
20	12	12	10	9
21	13	13	11	11
22	14	14	14	13
23	15	15	15	15
24	24	20	18	17
25	25	22	22	19
26	26	22	22	21
27	27	23	23	23
28	28	28	26	25
29	29	29	27	27
30	30	30	30	29
31	31	31	30	31
16	8	4	2	1

第五列,我马上就猜出你设定的数字是 27,而且不必看表就能猜到。

可将此表做成魔术扇。先做好一把扇子,用其中的 5 列来写这个数字表,你就可以用这把扇子来变魔术了。让朋友设定一个数字,然后请他告诉你该数字在扇子的哪几列,那么,你就能猜出是哪一个数,为什么?

108. 偶数的猜法

首先你设定一个偶数,然后给该数乘 3,除以 2,再乘 3,最后告诉我以 9 除的商,我就能说出你所设定的数。

例如你设定 6,乘 3 变成 18,18 除以 2 等于 9,9 乘 3 等于 27,以 9 除 27 商为 3,这数字刚好是你设定的数字的一半。

这种魔术并不限于偶数,对任意整数都可以用一般形式来表演,只不过有些细节必须加以变更。如:

当你所设的数乘 3 之后,无法被 2 整除时,先给积加 1 再除以 2,然后以同样的方式计算,最后要以乘 2 来猜对方所设的数时,记得加上 1 才行。

例如设定的数字为 5,乘 3 变成 15,为了能被 2 整除,必须先加上 1 变成 16,然后除以 2 等于 8,8 乘 3 等于 24,24 无法被 9 除尽,舍掉余数,其商为 2。最后,乘 2 加上 1,便得原来设定的数字为 5。

要在朋友面前表演这种魔术时,当朋友将所设定的数乘 3 后发现无法被 2 整除时自然会问:"假如没办法除尽的话,该怎么办呢?"如果他这么问,你在最后乘 2 之后,必须加上 1 才能说出答案,否则,你就先问朋友该数能否被 2 整除,但必须让对方以为你之所以这么问,是为了方便他计算的缘故。

数学漫画 13

问：

陆上的 1 公里和海上的 1 海里哪一个比较长？

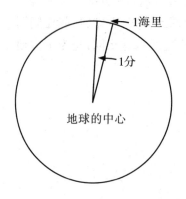

答：陆上的 1 公里为 1000 米，海上的 1 海里是相当于地球中心角 1 分弧长的地球表面距离（即 1 度纬度所对应的经线的长度），约 1852 米，因此 1 海里比较长。

109. 前题的变化形式

将所设定的数乘 3, 再除以 2。无法整除时, 先给积加上 1, 然后除以 2, 所得到的商乘 3 之后再除以 2。假如和前面一样无法整除的话, 就必须先加 1 再除以 2。接着将所得到的数以 9 来除, 所得的商乘 4 之后, 如果第一次除以 2 的时候必须加 1, 那么, 就必须把 1 记下来; 如果第二次除以 2 的时候必须加 1 才能除尽, 那么就得记下 2; 如果两次除以 2 的时候都必须加 1 才能整除的话, 在最后乘 4 之后, 答案必须加 3 才行。只有第一次的话加 1 即可, 只有第二次则加上 2。

假定所设的数字为 7, 其 3 倍是 21, 不能被 2 整除, 先加 1 变成 22, 然后除以 2 得到 11, 11 乘 3 等于 33, 加 1 变成 34, 除以 2 等于 17, 17 之中只有 1 个 9, 所以 1 乘 4 等于 4, 由于两次除以 2 时都必须加 1, 因此, 乘 4 之后必须加 3 才是正确答案, 于是 4+3=7。可见, 对方所设的数为 7。

110. 又一种变化形式

首先设定一个数字, 然后给该数字加上其本身的一半, 其和再加上本身的一半, 接着问对方此和除以 9 所得的商数为多少。如前述把其商乘 4, 然后和前面一样。回想第一次与第二次除以 2 的时候是否需要加 1, 如果只有第一次需要加 1, 必须记下 1, 如果只有第二次才需要加 1, 就得记下 2, 两次都得加 1 时, 当然就得记下 3, 最后将所得到的数加上记忆之数, 就可知道设定的数是几。

例如, 所设定的数为 10, 加上本身的一半变成 15, 由于 15 是奇数, 所以必须加 1 才能被 2 整除, 其一半为 8, 加上 15 等于 23, 23 除以 9 得商 2, 2 乘 4 等于 8, 可是由于第二次除以 2 的时候必须加 1, 因此, 8 必须加上 2 才能求出正确答案, 于是 8+2=10, 可见所设的数为 10。

当奇数要平分 2 等分时, 会使一方比另一方多 1, 假定前者为大的一半, 后者为小的一半, 这问题还可拓展为更有趣的形式。

假定所设的整数为偶数, 那么就直接加上本身的一半; 假如是奇数的话, 就得加上"大的一半"。和为偶数时直接加上本身的一半, 和为奇数时所加的一半仍是"大的一半"。如此一来,所得到的数中究竟包含几个 9 呢?

给商乘 4 之后,询问设定数字的对方以 9 除的结果。如果余数是 8,要猜出所设定的数必须给商乘 4,然后将所得的数加 3 才行。

如果余数不是 8,还要问是否大于 5,如果回答"是",则最后须加上的数为 2;如果余数不大于 5,要继续问对方是否大于 3,如果答复为肯定的话,最后要加的数为 1。

各位可以很容易地理解,问题最后的形式和前面的问题实际上是一样的,因为把某数乘 3 再除以 2 的情形和某数加上其本身的一半完全相同。

在这里能理解以各种形式所叙述的问题的证明,同时能透彻理解一切性质的人,就可以自己创造类似的猜数问题。

例如,可将所设定的数字乘 3,然后把其积两等分,所得的商乘 5,再除以 2,将所求出的答案除以 15,看看商是多少。然后把商乘 4,这时和前面一样,在除以 2 的时候,如果第一次、第二次或两次都除不尽则必须加 1,那么,乘 4 所得的积就必须加上 1,2 或 3。

细心的读者还可以凭自己的能力加以证明。

此外,也可将所设定的数乘 5,再除以 2,然后给所得的商乘 5,再以 2 除其积,接着用答案除以 25,看看商为多少,再给此商数乘 4,此刻要注意在前面除以 2 的时候能否除尽,视情况给最后所得到的积加上 1,2 或 3,但如果两次都能被 2 除尽,就不需要加任何数字。

总之,各位读者可参照在此所叙述的问题,以各种方式来创造问题。

111. 另一种方式

首先,按照与前面问题相同的原则,将所设定的数乘 3,然后除以 2(或者取"大的一半"),再乘 3,接着除以 2(或取"大的一半"),这回不要问所求的数以 9 除的结果,而是将该数所有的数字保留其中之一,其他加以公布,但如果数字中有 0 的话,必须告诉解答者。

而且,被公布的数字与保留的数字都要说明是哪一位数。

接下来为了要猜出所设定的数字,解答者应将刚刚所公布的数字通通相加,然后把和减去9,看看能减多少回,最后所得剩余的数反过来被9减,如此便能获得被保留的数字。假如所剩余的数字为0,那么,被保留的数字就是9。当所设定的数乘3又除以2的时候,如果两次都能被2除尽,按照前面的方式即可。

假如第一次除以2必须加1的话,给对方所透露的数字和加上6,然后再进行计算;如果只有第二次必须加1才能被2整除,那么,就得在对方所透露的数字和上加4;如果两次都必须要加1的话,所得的数字总和加1即可。

这样就能得到最后除以2所求出的数字中被保留的那个数字。当然,也能知道除以2之后的商为多少,将此数除以9求出商,然后给商乘4,必要时加1,2或3,即可得到所设定的数。

举例说明。假定所设定的数为24,将24乘3之后再除以2,反复两次,所得到的答案为54,这时假设对方公布十位数字为5,那么,9减5得到4,此即为个位数字。

可见最后除以2所得到的答案为54,54除以9的商为6,故所设定的数字为4×6=24。

现在,假定所设的数字为25,将25乘3再除以2,反复两次,所得到的数字为57。要注意的是,第一次除以2时必须加1才能整除,因此假如对方透露的是十位数字5,就得给5加上6,得11,11除以9余2,故以9减2得到7,所以知道个位数字为7,同时也得知第二次除以2之后,所得到的答案57,将此数除以9求出商为6,由此可知,此设定的数字为4×6+1=25。

设定数字者在自己最后一次除以2之后,所得到的数假定由三个数字所组成,其中末两位的数字为13,在第二次除以2的时候,需要加1才能除尽,这时得给两数之和1+3=4加上4,于是得8,以9减8得1,可知最后一次除以2的结果为113。将此数除以9,得商为12,这样就可求出设定的数字为4×12+2=50。

假如设定数字者将所设定的数乘3之后再除以2,反复两次,结果得到一个三位数,而且知道百位的数字为1,个位的数字为7,同时两次除以2的时候都必须加1才能整除。依照前面的规则,此刻必须1+7+1=9才行,9减9等于0,可知道最后一次除以2时所得的数字中,保留的那个数字为 9，所以这个三位数为 197。将 197 除以 9，得商 21，根据前面的规则，可知所设定的数为 4×21+3＝87。

其道理何在？

112. 其他的方式

接下来介绍一种其实简单，但乍看之下似乎比较困难的方法。

首先设定一个数字，然后以另一个数来乘所设的数，其积再以另一个数来除，接着将结果乘某数，再除以另一个数，如此反复运算几回。至于乘数与除数，最好由对方决定，但必须请对方说出来。

另一方面，你（解答者）预先选定某数，然后与对方进行同样的乘除运算，结束时请对方将结果除以所设定的数。同时你也把自己的结果除以预先选定的数，所得到的商应该与对方相同。接下来请对方将所得的商加上设定的数字，然后把结果告诉你，你就可以根据这结果减掉你所求出的商（与对方相同），其差就是对方所设定的数。

举例来说。假定所设的数字为 5，将此数乘 4，然后把结果 20 除以 2，再把所得到的商 10 乘 6，将最后的结果 60 除以 4 求出答案 15。另一方面，你自己也设定一个数字，然后与对方进行相同的运算。假设你选定 4（一般说来，选择 1 最方便），4 乘 4 等于 16，16 除以 2 等于 8，8 乘 6 得 48，48 除以 4 等于 12。这时将对方最后的结果 15 除以其所设的数 5，所得的商为 3。

然后，你将自己计算的最后结果 12 除以最初所设定的 4，所得到的答案也是 3。这时你装作不知道对方的结果，请他把所设定的数字加上 3，然后说出答案。这时，对方当然会回答"8"，将 8 扣掉 3，其差数 5 即为对方所设定的数。

数学漫画 14

42.195千米。

人类跑的速度太慢了。

问:

马拉松赛程的距离是42.195千米,而非整数。请问,这数字是怎么来的?

①是希腊的马拉顿至雅典的距离。

②是第一届奥运会举行时的距离。

③是第八届巴黎奥运会决定的距离。

答:③是第八届巴黎奥运会决定的距离。

★ 马拉松的起源——公元前5世纪,波斯与希腊发生战争。希腊军在马拉顿草原上大胜,其中一名士兵从马拉顿跑回雅典报捷。根据这故事,第一届奥运会将马拉松列为正式的竞赛项目,当时距离定为35.750千米。第四届伦敦奥运会确定马拉松线为:从温莎宫殿至竞技场的女王御席前,距离是42.195千米。

第八届巴黎奥运会便正式确定马拉松的距离为42.195千米。

113. 猜数字

Ⅰ. 让对方设定奇数个数字,如 3 个、5 个或 7 个数字,然后请他把第一个数字与第二个数字的和、第二个数字与第三个数字的和、第三个数字与第四个数字的和……依次告诉你,直到说出最后一个数字与第一个数字的和为止。

接着把和依次排列,然后先把奇数位置(第一个、第三个、第五个……)的和加起来,再将偶数位置(第二个、第四个、第六个……)的和相加,前者减去后者所得的差数就是对方所设的第一个数的 2 倍。将此数除以 2,就可以得到第一个数。根据第一个数字与第二个数字的和、第二个数字与第三个数字的和等,可求出其他设定的数。

这其中的道理何在?

Ⅱ. 请对方设定偶数个数字,如前述,请他依次说出每两数(第一个与第二个、第二个与第三个……)之和,但最后并非末尾的数字与第一个数字的和,而是末尾的与第二个数字的和,接着把和(第一个和除外)按顺序排列,然后把奇数位置的和加起来,再把偶数位置的和加起来,前者减去后者,所得的差即为对方所设的第二个数的 2 倍。

为什么会这样?

114. 不需提供任何线索就可猜出数字

首先,请对方设定一个数字,接着请他给此数乘你所指定的数,再加上你说的另一个数,再除以某数。这时你也要默默地心算,把使用于乘数的数除以使用于除数的数,然后请对方把所设定的数乘所得到的商,再将其积从刚才的答案中扣掉,其差和你刚才要对方所加的数除以使用于除数的数所得到的商相等。

理由何在?

例如,对方所设定的数为 6,乘 4 之后变成 24,加上 15 等于 39,39 除以 3 得到 13;另一方面,你默默地把 4 除以 3 得到 $\frac{4}{3}$,然后让对方把设定

的数乘 $\frac{4}{3}$,将所得到的积数用刚才的结果来减,于是 $13-8=5$,所剩余的 5 和你刚才要对方所加的数 15 除以使用于除数的 3 的结果相等。

在此,将问题以最普通的形式来表示,但有时必须使用如下特殊的情形:首先要求对方将所设定的数乘 2,给积数加上任意偶数,然后把结果除以 2,所得到的商减去原先设定的数,其差恰好等于刚才所加的偶数的一半。但是,显然还是一般形式的问题比较有趣,而且还可以练习分数,即使为了某种理由而不喜欢使用分数时,也只需选择不会成为分数的数字,既有趣又方便。

115. 谁选了偶数

首先设一个偶数和一个奇数,让两人自由选择其中之一,接着要猜哪个人选偶数,哪个人选奇数。

例如,先让彼得和伊凡看两个数,假设是 9 和 10,然后在不让你知道的情况下,其中一人选择偶数,另一人则选择奇数。为了要猜出谁选了哪一个数,你本身也设定一个偶数与一个奇数,假设是 2 和 3,接着让彼得把选择的数乘 2,同时让伊凡给选择的数乘 3,然后要求两人把他们所求出的积相加,并将和告诉你,或者只说出其和为偶数或奇数。这时,为了使问题更有趣,可以各种不同的方式来要求对方。例如请他把得到的和除以 2,然后告诉你能否除尽,假如两人的和为偶数,很明显,3 所乘的数为偶数,由此可知伊凡所选的数为 10,彼得选择的是 9。反过来说,如果两人的和为奇数,那么,3 所乘的数,也就是伊凡所选择的数,显然为奇数。

为什么呢?

116. 有关两数互质的问题

例如,9 和 7 除了 1 以外没有其他公因数,而且其中 1 并非质数(9 不是质数)。设定具有上述性质的两个数,请两个朋友各选其中之一,当然不能让你知道。为了猜出答案,你要设定两个数字,此两数除了 1 以外没有其他公因数,并且其中之一必须是那个非质数的因数才行。假定选择 3 和 2,此两数除了 1 以外没有其他公因数,加上 3 是 9 的因数,其后将其中一人所选的数乘 2,另一人的乘 3,接着把两人所得的积数加起来,请他们说出结果,或者告诉你最后的答案能否被 3 也就是非质数的因数除尽,那么,你就能马上猜出两人各选择了何数。因为两人之和若能被 3 整除,表示该数具有 3 的因数,也就是 7×3 的意思;相反,如果该数不能被 3 除尽,则意味着 9×3。使用不同数字的时候,只要能满足上述条件,就能得到相同的结果。

为什么?

117. 猜猜看有几个个位数

首先,把第一个设定的数(9 以下)乘 2,再加上 5,再乘 5,再加上 10,接着再加上第二个设定的数(9 以下),然后乘 10,所求出的结果加上第三个设定的数(9 以下),再乘 10,接着再加上第四个设定的数(9 以下),再乘 10,如此反复下去,把前数的和乘 10 之后再加上新设定的数(9 以下),一直加到最后一个设定的数为止。

然后请对方说出最后的和,假如所设定的数只有 2 个,其和扣掉 35,所得的差的十位上的数就是对方所设的第一个数,个位上的数为第二个数。如果所设定的数有 3 个,那么把其和扣掉 350,所得的差的百位上的数代表第一个设定的数,十位上的数代表第二个数,个位上的数代表第三个数。假如对方所设定的数有 4 个,用最后的结果减去 3500,那么差的千位上的数就代表第一个设定的数,百位上的数代表第二个数,十位上的数代表第三个数,个位上的数代表第四个数。假如所设定的数有 5 个,就用和减去 35000,然后按上述的方式来判断即可。

例如所设定的数依次为 3,5,8,2 这 4 个数,第一个数乘 2 得 6,加 5 等于 11,11 乘 5 得 55,加 10 等于 65,再加第二个数变成 70,70 乘 10 等于 700,加上第三个数变成 708,乘 10 得 7080,加上第四个数等于 7082。当对方告诉你此数之后,用 7082 减去 3500,差为 3582,此数的每一位数则表示 3,5,8,2。

为什么呢?

　　在此将问题以一般形式来表示,但也可加以变化,应用于各种特殊的场合。例如玩骰子游戏时,应用这项原理不必看就能猜出所掷出的数,而且在这种情况下,最大数为6,更容易猜测,其方法与规则如前述。

数学漫画 15

问：

一周 7 日是怎么来的？

①根据旧约圣经的天地创造之记载而来。

②依月之盈亏而来。

③不知道。

答：一周 7 日的来源无从考查。

★ 月的盈亏之说——古代人是以月的盈亏代替月历，并规定新月至上弦月为 7 日、上弦月至满月为 7 日、满月至下弦月为 7 日、下弦月至新月为 7 日。一周 7 日的说法即据此而来。

★ 罗马时代是以所知的行星数量来定周——水星、金星、火星、木星、土星，加上日月，共 7 个，故定一周为 7 日。

★ 也有人认为是根据旧约圣经创世纪之记载——神造天地费了 6 日，第 7 日休息——的说法而来。

★ 亦有可能是综合以上 3 种说法，才决定一周为 7 日的。

十、更有趣的游戏

118. 用三个 5 来表示 1

怎样用三个 5 来表示 1 呢?

对于没做过这类问题的读者来说,要得到正确的答案,恐怕需时甚久。除了

$$1 = \left(\frac{5}{5}\right)^5$$

之外,这问题还有没有其他的答案?

119. 用三个 5 来表示 2

怎样用三个 5 来表示 2 呢?

120. 用三个 5 来表示 4

怎样用三个 5 来表示 4 呢?

121. 用三个 5 来表示 5

怎样用三个 5 来表示 5 呢?

122. 用三个 5 来表示 0

怎样用三个 5 来表示 0 呢?

123. 用五个 3 来表示 31

怎样用五个 3 来表示 31 呢?

124. 巴士车票

某人搭乘巴士,其车票的号码为 524127。在不改变数字顺序的情况下,在数字与数字之间使用适当的运算符号,怎样使计算的结果成为 100 呢?

事实上,在长途旅行时将手中的车票号码用这方式做成 100,是个十分有趣的消遣。如果和同伴在一起的话,可以互相比赛,看看谁先做到 100。

125. 谁先说出 100

规定:两人轮流说出 10 以下的数字,并逐一加起来,最先使答案变成 100 的人获胜。

例如第一个人说出"7",对手跟着说出"10",两人的和为"17",接着第一个人又说出"8",累计为"25"。如此进行下去,谁先说出"100",谁就获胜。

可是,怎样才能先说出"100"呢?

126. 应用问题

前面的问题可以下列的方式加以应用。

两人轮流说出约好所设定数以下的数字,并逐一加起来,最先达到所设定的数的人获胜。但是,最先达到此数的方法是什么呢?

127. 每两根一组的分法

首先,将 10 根火柴棒排成一行(如图 55),移动这些火柴棒使其成为每 2 根一组的排列方式。移动火柴时,必须跳过两根火柴棒和另外一根火柴棒重叠才行。例如第一根火柴棒必须跳过第二、第三根火柴棒与第四根重叠。

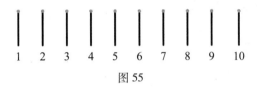

图 55

128. 每三根一组的分法

首先将 15 根火柴棒排成一行,移动每一根火柴棒都需跳过其中 3 根和另一根重叠。那么,将这 15 根火柴棒分为 5 堆,每堆 3 根,其方法如何?

129. 玩具金字塔

用木材和厚纸做成大小不同的 8 张圆盘和 3 根垂直固定的木棒,同时每张圆盘中央都钻一个洞。将圆盘按大小顺序套在一根木棒上,就做成了一个 8 阶的玩具金字塔。(如图 56)

问题是怎样才能成功地将这金字塔从棒 A 转移到棒 B 上呢? 现在,有 3 根木棒(图中的 Ⅰ、Ⅱ、Ⅲ)作为辅助之用,并且必须遵守以下的条件:①一次只能转移一张圆盘。②被移出的圆盘必须放在木棒上的比它本身直径大的圆盘上面,而且无论在哪 1 根木棒上都不能使直径较大的圆盘放在直径较小圆盘的上面。

假如将 8 张圆盘改成 64 张,就成了有关古印度传说的问题。据说,见那拉斯大神殿的圆屋顶就是地球的中心,黄铜的台座上坐着普拉马神,上方固定了长度约如蜜蜂的脚一般、大小和蜜蜂的腹部差不多的 3 根钻石棒。当世界诞生时,其中一根钻石棒套了 64 个中央有洞的纯金圆盘,形态犹如圆锥台一般,因为圆盘的直径由上至下愈来愈大,而这里的神官从早到晚轮流将圆盘从第一根钻石棒移到第三根,第二根钻石棒则作为辅助之用,并且必须遵守下述的条件:①一次只能移动一个圆盘。②所移出的圆盘不是套在钻石棒上,就是套在直径比本身还大的圆盘上面。根据这两个条件,当神官把 64 个圆盘全部由第一棒移至第三棒的时候,就是世界末日的来临……

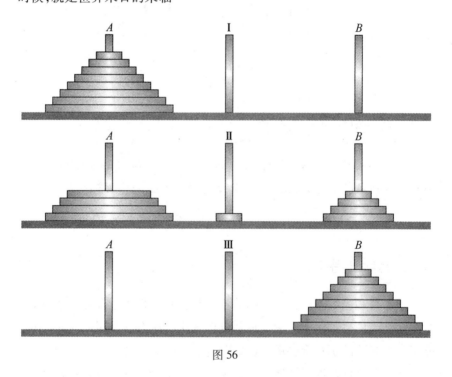

图 56

130. 有趣的火柴棒游戏

邀请朋友和你一块玩下列的游戏。首先,在桌上放置三堆火柴棒,数目依次为 12 根、10 根、7 根。现在,从每堆里取火柴棒,而且每次只能在其中的一堆里取,但整堆全部取走也无所谓。以取到最后一根火柴棒

的人获胜。现在举例来说明这个游戏。假设 A、B 两人进行比赛,其过程如下:

最初的情形	12	10	7
A 取完的情形	12	10	6
B 取完的情形	12	7	6
A 取完的情形	1	7	6
B 取完的情形	1	5	6
A 取完的情形	1	5	4
B 取完的情形	1	3	4
A 取完的情形	1	3	2
B 取完的情形	1	2	2
A 取完的情形	0	2	2
B 取完的情形	0	1	2
A 取完的情形	0	1	1
B 取完的情形	0	0	1

由于轮到 A 取最后一根,所以 A 获得胜利。那么,能够使 A 绝对获胜的方法是什么?

数学漫画 16

问：

　　1，2，3……称为自然数。自然数像是无限地延续下去，请问应以怎样的数学方式证明自然数是无限的。

答：数学世界的一切都必须证明才能确定其真实性，但无限个数字无法一一列出。

　　假设自然数中的某数为 n，即有自然数 n 存在，那么再加 1 的 $n+1$ 必然也存在。所以，自然数是无限的。

十一、骨牌的问题

骨牌是一种娱乐用具,由中央分成两部分,每一部分都有 0—6 点,点数的分配方式有 0 与 0、0 与 1……6 与 6,总共 28 种。以这 28 张为一组就可以进行下列的游戏。

骨牌的起源:

据说,骨牌这项游戏起源于古希腊,一直流传至今。确实,这项游戏十分简单,因此可以想象是在古代文明初期的发展阶段所创造出来的。有关这项游戏的名称众说纷纭。例如,语言学家认为是从古代的语言中演变而来的。以下的说法是最具可信度的一种。据说,骨牌游戏是从天主教修道院的宗教团体中发展而成的。大家都知道,在那种组织里凡事都以"赞美主"开始,比赛者在出示第 1 张牌的时候,要说 *Benedicite,domino*,就是"荣耀的主啊"! 或者说 *Domino,gracious*,就是"感谢主"之意,于是后来简称为 *Domino*(骨牌)。

131. 移动了几张

将 10 张骨牌由右至左,按 1,2,3,…,10 的顺序排成一行,并且是反放着(正面朝下)。然后"变魔术的人"告诉其他人,我现在到隔壁的房间去,你们趁这段时间把右端的骨牌移至左端,但顺序不能改变。一会儿他从隔壁的房间回来,不仅正确地猜出了所移动的张数,还掀开了点数与移动张数相同的骨牌。

其实,所需要的牌"一定会掀对",但是这项技术并非猜谜,而是由 1 到 10 的简单计算罢了。

现在开始说明问题:首先把骨牌全部掀开,如图 57 所示排列。

图 57

自称为"具有超能力的人"离开房间后,对方为了证实他是否具有"超能力",将右侧的骨牌在不改变顺序的情况下移至左侧,然后把全部的骨牌移回原位。假设移动 4 张,那么移动的顺序如图 58 所示。

很明显,左端 4 点的骨牌表示所移动的张数,因此房间里的"超能力者"将左端的牌掀开放在桌上,然后说:"骨牌被移动了 4 张。"为了令人感到更有趣,可以再发挥一些技巧。事实上,掀开左端的牌是问题解决的关键,然而"超能力者"却向对方说,他在掀牌之前已经知道被移动的张数,只是为了证明自己的"超能力",才掀开那张表示 4 点的骨牌。

图 58

为了使"魔术"显得更神秘,将骨牌再度按顺序移动,而"超能力者"在记住左端的牌的点数为 4 之后才离开房间,然后在不改变顺序的情况下,任意将牌从右侧移至左侧,"超能力者"回到房间以后,掀开由左边数的第五张牌(4+1=5),上面的点数必然表示所移动的张数。例如,从右侧移动 3 张牌至左侧,那么,新的排列顺序如图 59 所示,由左边算起的第五张牌的点数恰好是 3。将这张牌反放起来,放回原来的位置,不必掀开左端的牌也能清楚地知道那是 7 点。记牢此数之后,"超能力者"再让对方任意将骨牌从右侧移至左侧,当然不能改变顺序,然后又离开房间。这时,他已经知道一回来只需掀开左起的第八张牌,看看点数就能立刻知道所移动的张数。

一般说来,只需知道左端那张牌的点数,然后掀开由左算起该数加 1 的牌,上面的点数即表示被移动的张数。

不仅如此,任何一张牌的点数与号码的和,与下次从房间回来应掀

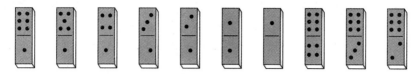

图 59

开的骨牌号码相同(和大于 10 的时候,必须减去 10)。知道了这点之后,只需把现在所掀开的点数加上本身的号码即可。例如现在掀开的是上面有 3 点的第五张牌,那么,下次所要掀开的牌就是第八张牌(5+3=8)。

虽然问题极为简单,但已是够吓唬人的了。可真的要做起来,一点也不难,每个人都可以做得到。

132. 百发百中

准备 25 张骨牌,反放之后并排成一行,接着你提议自己背对着牌或到隔壁的房间去,让对方在这段期间移动几张骨牌(12 张以下),由右侧移至左侧,然后你回到房间就能掀开一张表示移动张数的牌。

为什么?

133. 骨牌点数的总和

请问一组骨牌的点数的总和是多少?

134. 骨牌的余兴游戏

除了上下点数相同的牌之外,将其他骨牌全部反放在桌上;接着把其中的一张牌悄悄地藏起来,这张牌只要不是点数上下相同的牌,任何一张都可以,然后让对方取出牌桌上的任何一张牌,看完点数后将点数面向上放在桌上;接着掀开其他牌,以最先掀开的牌为排头依照骨牌的游戏规则依次排列,不可半途而废。如此,形成某种形式的排列,使你能预测排列最后出现的点数。你事先隐藏的牌的点数刚好与你预测的点数相同。

实际上,将所有的骨牌按照游戏规则排列,最后一定以和第一张相同点数的牌作为结束。例如,骨牌的排列以5点为首,那么,最后必然以5点作为结束,除了10点之外,其他21张牌全部按照游戏的规则排成圆形。假如现在从圆形排列中拿掉(3,5)的牌,剩余20张的排列,很明显,一端为5点,另一端为3点。

这种即兴游戏必须表演得好像在脑海里很困难地计算一样,那么,观众才会倍觉有趣。第二次表演时,尽量花心思变化,以各种形式来表现才能保持新鲜感。

135. 最大的得分

假如现在有4个人玩骨牌,每个人都和自己的得分竞争,换句话说,得分是采取个别计算的方式。游戏开始,每个比赛者手中各拿7张牌,这时,骨牌会出现很有趣的分配情形,那就是第一个比赛者必胜无疑,而第二个、第三个比赛者却连1张牌都打不出来。例如,第一个比赛者手中的牌如下:

$(0,0)(0,1)(0,2)(0,3)(1,4)(1,5)(1,6)$

第四个比赛者所拿到的牌为:

$(1,1)(1,2)(1,3)(0,4)(0,5)(0,6)$

这张和另一张点数不明的,其他的骨牌则分配给第二个与第三个比赛者。在这种情形下,第一个比赛者在上述的13张牌出现后获胜,而第二个与第三个比赛者手上的牌却一张也打不出来。

说得更具体一点,游戏一开始,第一个比赛者打出$(0,0)$,第二个与第三个比赛者因手上无牌可接,只能 *pass*。轮到第四个比赛者打出$(0,4)$、$(0,5)$ 或$(0,6)$三张中的一张时,第一个比赛者则接着打出$(1,4)$、$(1,5)$或$(1,6)$中的一张,第二个和第三个比赛者由于手上的牌尚派不上用场,只好再度 *pass*。轮到第四个比赛者打出$(1,1)$、$(1,2)$或$(1,3)$中的一张时,第一个比赛者也接着打出$(1,0)$、$(2,0)$或$(3,0)$中的一张,如此这般将手上的牌通通打出。另一方面,第二个和第三个比赛者手上的牌却原封不动地留着,至于第四个比赛者手上的牌将会剩下一张。接下来我们来看第一个比赛者的得分,显而易见,排在桌上的点数

合计为 48,而游戏全体的点数为 168,那么,第一个比赛者在此回游戏中所获得的点数为:168-48=120

这可以说是最高的得分。

以类似的方式分配,也可以赢牌,但想达到这个目的,上述的分配方式中 0 和 1 的角色,都应以 2,3,4,5 或 6 来代替,如此分配所得到的分数,都与从当中扣掉 2 的分配分数相等,都等于 21。很显然,想获得这样的牌的分配几率很小,而且,在此所说明的其他的分配方式,得分都小于 120。

136. 利用八张骨牌做成正方形

将 8 张骨牌组合成正方形,使任何一条横切正方形的直线至少与另外一张牌相交。如图 60 所示的正方形,由于直线不会和任何一张牌相交,所以不能满足问题的要求。

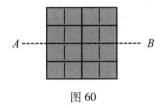

图 60

137. 以十八张骨牌做成正方形

按照上述的条件,试试将 18 张骨牌组合成正方形。

138. 以十五张骨牌做成长方形

按照问题 136 的条件,将 15 张骨牌组合成长方形。

数学漫画 17

家计簿上的负数，平方后是不是能变正数呢？

★ 虚数就像龙或超人那样，是想像的数字。

我是虚像。

问：

负数的平方是正数。有平方后为负数的数吗？

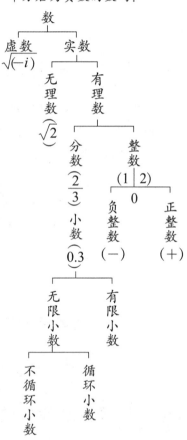

答：有，称为虚数，是一种不存在的、想象上的数字。英文写成"imaginary number"，因此，以第一个字母的 i 表示虚数。

十二、白棋与黑棋

139. 改变排列方式的问题

如图 61 所示,排列 4 个白棋与 4 个黑棋,然后按照以下的条件,将白棋移至 1,2,3,4 的格子里,同时也将黑棋移至 6,7,8,9 的格子里。①每个棋子只能跳越一格,或旁移一格,此外就不能移动。②任意一个棋子都不能回到以前走过的格子。③一个格子里不能放置 2 个以上的棋子。④先从白棋开始。

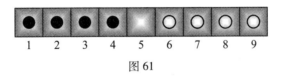

图 61

140. 四对棋子

将 4 个白棋与 4 个黑棋按白、黑、白、黑……的顺序排成一行。当要改变排列方式移动棋子时,在不改变顺序的条件下,每次移动 2 个棋子,向左或向右跳过其他的棋子,移动 4 次之后,使 4 个黑棋在左,4 个白棋在右,无间隔地排成一行。

141. 五对棋子

现在有 5 个白棋与 5 个黑棋,以白、黑、白、黑……的顺序排成一行。和上述的问题一样,每次移动 2 个棋子,移动 5 次之后,使 5 个黑棋紧接着 5 个白棋,其中不能有任何空格。

142. 六对棋子

现在有 6 个白棋与 6 个黑棋,以白、黑、白、黑……的顺序排成一行。(如图 62)在不改变顺序的情况下,每次移动 2 个棋子,6 次之后,使 6 个黑棋通通排在左侧,6 个白棋排在右侧,无间隔地排成一行。

图 62

143. 七对棋子

现在有 7 对白棋与黑棋,以白、黑、白、黑……的顺序排成一行。(如图 63)按照前述问题的方式,使 7 个黑棋在左,7 个白棋在右,无间隔地排成一行。

图 63

144. 在五条线上排十个棋子

在纸上画出 5 条线,然后在线上放置 10 个棋子,使每条直线上的棋子各有 4 个。

145. 有趣的排列

将 12 个白棋与 12 个黑棋以适当的顺序排成一行或圆形,然后从第一个棋子开始数,数至第七个的时候,将棋子取走。如此反复下去,直到白棋全部取走,而黑棋仍留在原来的位置为止。请问原来的排列是怎样的?

数学漫画 18

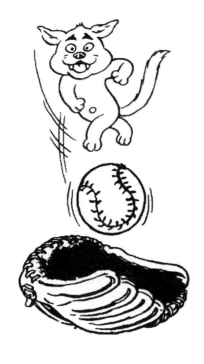

问:

　　职业棒球所使用的球,是以软木包橡胶作芯,卷上毛线,再用白色马皮或牛皮包裹,缝合而成。缝合的针数有规定,是 108 针。此说法是真是假?

答:真的。

　　★ 职业棒球的球重 141.75—148.84 克,周长 22.86—23.5 厘米。后来因有些球飞得太高,便于 1981 年将以目测方式进行的反弹力测验,改用测定器来进行。

十三、西洋棋的问题

关于问题 129 那样的数字游戏,还有另一种传说,起源也是印度。根据阿拉伯作家阿沙的记载:

婆罗门的西萨是一位祭司的儿子,他发明了西洋棋游戏。这种游戏里的国王固然重要,但仍需士兵以及其他护卫的协助才能获得胜利。他发明这种游戏就是为了供给他的君主印度王希朗作为消遣的。希朗国王非常喜爱西萨所发明的游戏,为了答谢西萨,国王很爽快地允诺:"你想要什么,我就给你什么。"

"那么,"西萨回答,"请在西洋棋盘的第一格放 1 粒麦子,第二格放 2 粒,第三格放 4 粒,第四格放 8 粒……以此类推直到第六十四格为止。每格都放加倍的麦子,这样我就心满意足了。"

然而,希朗国王却无法做到他的要求,因为所需要的麦粒加起来高达 20 位数,如果想要满足西萨"小小的愿望",希朗国王必须在全地球的表面播种 8 次,收割 8 次才行。唯有如此,他才能满足西萨所要求的麦粒。由这传说使我们得到一个教训,"你要什么,就给你什么"这句话虽然说来简单,但是要做到就很困难了!

如这则故事所示,西洋棋盘总共有 8×8 = 64 个格子,交替涂上黑白两色,而棋子也分为黑白两种,持白棋的一方先攻。至于棋子的角色每方各有 6 种。其中,移动方式和下列问题有关的只有骑士和皇后,骑士是向前后或左右等 8 方斜跳,至于皇后则可朝纵、横、斜三个方向任意跳格。

146. 四位骑士

棋盘上有 4 位骑士。(如图 64)将棋盘分成形状相同的 4 部分,使每个部分都有一位骑士。

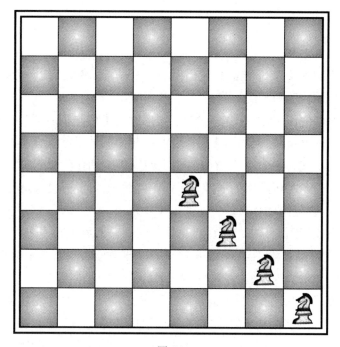

图 64

147. 士兵和骑士

在西洋棋盘的第一个空格里摆 1 个士兵,这时将摆在另一个空格的骑士移动到其他空格,每个空格各走一次,然后回到出发的格子里。

148. 两个士兵和骑士

在西洋棋盘一条对角线上两端的格子里各放置 1 个士兵,然后如前面的问题一般,试试看骑士该怎样走?

149. 骑士之旅

能否让骑士在西洋棋盘中央的 16 个空格里各走一回,然后回到出发点?

150. 独角仙

假定抓到 25 只独角仙,放置在大型西洋棋盘上 5×5 的部分(图 65),每格 1 只。假定独角仙会往水平或垂直的方向进入相邻的格子(5×5 的部分)里,此刻会不会有空格出现?

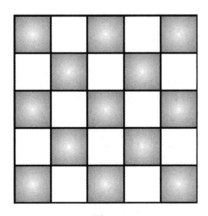

图 65

151. 整个西洋棋盘中的独角仙

假设现在整个大型西洋棋盘的每一格上都放一只独角仙。那么,与前面的问题一样,会不会有空格出现?

152. 独角仙的封闭路线

放置在西洋棋盘上任意空格里的独角仙,向纵或横的方向移到相邻的空格里,在每个空格只能走一次的条件下,独角仙该怎样走?

153. 士兵和骨牌

假定现在有西洋棋盘和 32 张骨牌,骨牌的大小恰好是棋盘的 2 个格子合起来的面积。在棋盘上的任意一格里放置一个士兵,然后使用骨牌将棋盘上所剩余的部分覆盖,同时,任何两张骨牌都不能重叠,能否做到呢?

154. 两个士兵和骨牌

在西洋棋盘上一条对角线两端的格子里各放置一个士兵,然后用骨牌将棋盘上剩余的部分覆盖。按照前面问题的条件,请问能否成功?

155. 同样的两个士兵和骨牌

将 2 个士兵分别放置在底色不同的格子里,然后使用骨牌(一张骨牌恰好能覆盖两个格子)覆盖剩余的部分。

156. 西洋棋和骨牌

在西洋棋盘上至少要摆几个棋子,才能使骨牌(一张骨牌恰好能覆盖两个格子)一张都排不上去?

157. 八个皇后

将 8 个皇后平均分散在 64 格的棋盘上,使平均 8 个格子里有一个皇后,而且,每一条纵线、横线以及斜线上不能同时出现两个皇后,试试看总共有几种排法。

著名的德国数学家高斯也曾经研究过这个问题。

全部答案总共有 92 种。请各位试着将这 92 种排法通通找出来。

图 66 乃是答案之一。

现在以 8 个数字(68241753)来表示这个答案。

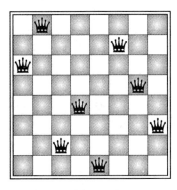

图 66

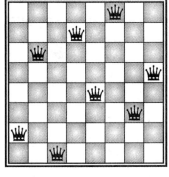

图 67

在此列举的数字表示皇后在棋盘的纵列所处的位置。例如第一个数字 6 表示皇后在第一纵列由下往上数的第六个格子里,而 8 则表示皇后在西洋棋盘上第二纵列由下往上数的第八个格子里,以此类推。从现在开始,以"列"来表示纵列,以"行"来表示横列,同时,行也是由下往上以 1—8 的数字表示。根据此法,图 66 的答案可如下表示。

(A)行……6   8   2   4   1   7   5   3

     列……1   2   3   4   5   6   7   8

接下来,将棋盘逆时针方向转圈,由第一个答案可引导出图 67 相对应的答案。

从第一个答案中依数字求出对应答案的方法是:将(A)的数字配列中第一行的数字改变为由大至小排列。

(B)行……8   7   6   5   4   3   2   1

     列……2   6   1   7   4   8   3   5

那么,配列中第二行的数字就形成对应第一个答案的答案(B)(26174835)了。

接下来的两个图(图68和图69)分别表示对应图66的第三与第四个答案。这两个答案是根据第二个答案分别将棋盘(图67)逆时针方向旋转 $\frac{1}{4}$ 圈、$\frac{2}{4}$ 圈引导出来的。

如前述,依靠数字的转换,可从图67引导出图68的答案,从图68引导出图69的答案。不过,图68的情形可直接由图66引导出来,而图69的情形也能由图67直接导出。

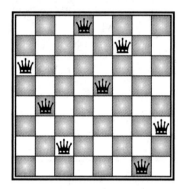

图68   图69

导出的方法如下:首先,图66和图67的答案以数字的排列为:

(68241753)和(26174835)

现在将这些数字的排列顺序倒过来,变成:

(35714286)和(53847162)

然后以9来减括号中的每一个数字,得到:

(64285713)和(46152837)

此即为图68和图69以数字来表示的答案。

如此有关皇后问题的答案,大致说来,每一个答案都可获得3种对应的答案。

不过,图70的情形例外,由于此答案的性质特殊,因此所得到的对应答案只有一种。(图71)因为把西洋棋盘旋转半圈,皇后的配置方式与原来一模一样。其特征是将表示这答案的数列(46827135)加上顺序完全相反的数列,会形成(99999999)。

任选一个有关八个皇后问题的答案,将其排列的顺序倒过来,使第

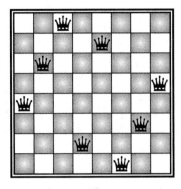

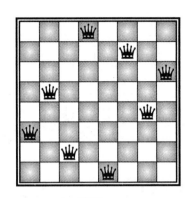

图 70   图 71

一列变成第八列,第二列变成第七列……或者,同样把依数字来表示的
答案整个顺序颠倒过来,就可得到和原来完全相反的对应答案。

在此省略寻找答案最简单的方法,只以图 72 直接表示答案,答案
Ⅰ—Ⅵ如上述包括其本身在内有 4 种对应答案以及 4 种相反的答案,合
计 8 种;最后Ⅶ的答案有 4 种对应答案,全部合计有 92 种答案。除此之
外,这问题已没有其他的答案。所有的答案以数字表示,如 105 页的表。

全部答案的一览表,使用了下面所介绍的比较简单的规则,可自行
找出。首先在最左列最下方的格子里放置一个皇后,然后在第二列下面
的格子里放置一个皇后,接着按顺序在每列尽量下方的位置摆皇后,并
且要避开前面所放置的皇后的转移路线。到不能再摆皇后的时候,将前
列所放置的皇后 1 格、2 格、3 格……往上移动,只有在右侧没有位置摆
新皇后时,按照前面将皇后位置提高的原则,把剩余的皇后一一排上。

每求出一个答案就记录下来。答案就是把数字的配列看成 8 位数,
从小按顺序求出。如此所得的表,可依靠第一、第二个答案求出对应以
及相反的答案。

I — 72631485　　　　II — 61528374　　　　III — 58417263

IV — 35841726　　　　V — 46152837　　　　VI — 57263148

VII — 16837425　　　　VIII — 57263184　　　　IX — 48157263

X — 51468273　　　　XI — 42751863　　　　XII — 35281746

图 72

1	1586	3724	24	3681	5724	47	5146	8246	70	6318	5247
2	1683	7425	25	3628	4175	48	5184	2736	71	6357	1428
3	1746	8253	26	3728	5146	49	5186	3724	72	6358	1427
4	1758	2463	27	3728	6415	50	5246	8317	73	6374	4815
5	2468	3175	28	3847	1625	51	5247	3861	74	6372	8514
6	2571	3864	29	4158	2736	52	5261	7483	75	6374	1825
7	2574	1863	30	4158	6372	53	5218	4736	76	6415	8273
8	2617	4835	31	4258	6137	54	5316	8247	77	6428	5713
9	2683	1475	32	4273	6815	55	5317	2864	78	6471	3528
10	2736	8514	33	4273	6851	56	5384	7162	79	6471	8253
11	2758	1463	34	4273	1863	57	5713	8642	80	6824	1753
12	2861	3574	35	4285	7136	58	5714	2863	81	7138	6425
13	3175	8246	36	4286	1357	59	5724	8136	82	7241	8536
14	3528	1746	37	4615	2837	60	5726	3148	83	7263	1485
15	3528	6471	38	4682	7135	61	5726	3184	84	7316	8524
16	3571	4286	39	4683	1752	62	5741	3862	85	7382	5164
17	3584	1726	40	4718	5263	63	5841	3627	86	7425	8136
18	3625	8174	41	4738	2516	64	5841	7263	87	7428	6135
19	3627	1485	42	4752	6138	65	6152	8374	88	7531	6824
20	3627	5184	43	4753	1682	66	6271	3584	89	8241	7536
21	3641	8572	44	4813	6275	67	6271	4853	90	8253	1746
22	3642	8571	45	4815	7263	68	5317	5824	91	8316	2574
23	3681	4752	46	4853	1726	69	6318	2475	92	8413	6275

数学漫画 19

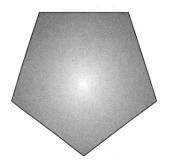

问：

正五角形的作图法是由毕达哥拉斯派的人发现的。而且，他们还进一步从五角形作出了星形，并被星形的魅力所吸引，将星形定为学派的徽章。试问，如何由五角形作出星形？

答：将正五角形各边延长至相交即可作成。

★ 正五角形（星形五角形）有一股正气凛然之美，所以可作驱邪之用。歌德所著的《浮士德》一书中有载："恶魔意图侵入浮士德博士的房间，却被星形五角形逐出。"

158. 有关骑士的移动问题

本章的开始部分曾叙述有关骑士绕西洋棋盘部分空格一周的问题。

现在还要介绍一个有关骑士移动的传统问题,也就是骑士在西洋棋盘的 64 个格子里各走一次,最后回到出发点的问题。

研究这问题的优勒曾写信(1775 年 4 月 26 日)给哥德巴赫,叙述了其答案之一。在此顺便介绍他在信里有趣的解答方法。

"⋯⋯由于我记着你以前提示我的一个问题,结果,对于我最近所进行的一项复杂的研究工作帮助很大。这项工作无法应用普通的分析法来解决。这个问题就是西洋棋的骑士在棋盘的 64 个格子里各走一次,最后再回到原点的走法问题。由于这样,骑士所走过的格子全部都要划掉,而且骑士最初的位置必须要固定才行。我认为这最后的条件使问题变得更困难,因为不久我发现了某种走法,但是以那种方式,最初的位置是由我自行选择的。不过,骑士绕一周之后需回到原点,也就是骑士最后到达的位置必须要能移至最初的位置,对于这点,我敢断言绝对有办法可以克服。尝试几回之后就能找到解决这困难的方法,而且我发觉这是非常轻而易举的。虽然走法并非无限多种,但是以同样的方式能迅速地找到答案。"图 73 就是答案之一。

骑士按照数字的顺序移动,可从最后 64 的位置移回 1 的位置。因此这种绕一周的方法属于回归性。

54	49	40	35	56	47	42	33
39	36	55	48	41	34	59	46
50	53	38	57	62	45	32	43
37	12	29	52	31	58	19	60
28	51	26	63	20	61	44	5
11	64	13	30	25	6	21	18
14	27	2	9	16	23	4	17
1	10	15	24	3	8	17	22

图 73

有关骑士移动的问题,这位伟大的数学家并没在信中提到他解答的过程和方法,所以在此介绍各位另一种比较对称的方法。

Ⅰ. 将西洋棋盘划分为由 16 个格子所组成的中心部分和剩余的周边部分。(如图 74)以相同字母所表示的周边部分,各有 12 个格子,于是骑士绕棋盘局部一周形成锯齿状路线。同样,在中央各有 4 个相同的字母,表示骑士移动的路线,形成正方形或菱形的局部封闭路线。图 75 周边部分的 a、b 分别表示骑士的移动路线,至于图中央部分的移动路线则以 a'、b' 表示。

绕过周边部分的路线之一以后,骑士可以移至中央部分其他 5 种不同字母的路线,如这段由 16 个格子所形成的移动路线共有 4 种:ab',bc',cd',da'。

a	b	c	d	a	b	c	d
c	d	a	b	c	d	a	b
b	a	a'	b'	c'	d'	d	c
d	c	c'	d'	a'	b'	b	a
a	b	b'	a'	d'	c'	c	d
c	d	d'	c'	b'	a'	a	b
b	a	d	c	a	b	d	c
d	c	b	a	d	c	b	a

图 74

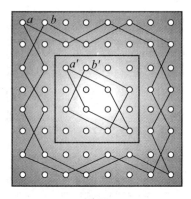

图 75

事实上,观察图74和图75,或者将西洋棋盘摆在面前观察,就能找出由16个格子所形成的移动路线,其中12个格子是周边部分的锯齿状路线;再连接中心部分字母不同的路线。需要注意的是,两边的路线都是封闭的。因此,我们必须用各种方法将4个各由16个格子所形成的局部路线串联起来,做成可让骑士绕棋盘一周的完整路线。

首先,在周边部分的任何一格里放置一个骑士,描绘绕此地区一圈的路线,然后将骑士移到中心部分;再由在其他不同字母所形成的3种路线之中选其一,朝任何一个方向均可。想办法移到周边部分以后,接着再走另一条由12个格子所形成的锯齿状路线,然后再移到中心部分,串联和前面字母不同的路线之一,再移回周边部分……如此反复下去,就能将64个格子全部串联起来。

由于问题的解答方式既单纯又简单,所以在此不再详细说明。

<table>
<tr><td>a</td><td>b</td><td>c</td><td>d</td><td>a</td><td>b</td><td>c</td><td>d</td></tr>
<tr><td>c</td><td>d</td><td>a</td><td>b</td><td>c</td><td>d</td><td>a</td><td>b</td></tr>
<tr><td>b</td><td>a</td><td>d</td><td>c</td><td>b</td><td>a</td><td>d</td><td>c</td></tr>
<tr><td>d</td><td>c</td><td>b</td><td>a</td><td>d</td><td>c</td><td>b</td><td>a</td></tr>
<tr><td>a</td><td>b</td><td>c</td><td>d</td><td>a</td><td>b</td><td>c</td><td>d</td></tr>
<tr><td>c</td><td>d</td><td>a</td><td>b</td><td>c</td><td>d</td><td>a</td><td>b</td></tr>
<tr><td>b</td><td>a</td><td>d</td><td>c</td><td>b</td><td>a</td><td>d</td><td>c</td></tr>
<tr><td>d</td><td>c</td><td>b</td><td>a</td><td>d</td><td>c</td><td>b</td><td>a</td></tr>
</table>

图76

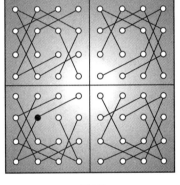

图77

II. 这问题还有一个和前述同样简单的方法。首先将棋盘以2条线等分为4部分,每部分各有16个格子,(如图76)将相同字母连接起来,然后依靠共同的顶点,将2个正方形和2个菱形的边连接起来,各连接4个(如图77)。接下来将各部分同字母的正方形和菱形连接起来,就能做出由16个格子所组成的绕局部一周的路线,总共有4条这样的路线,然后再设法将这4条路线串联起来,就能让骑士完整地绕一圈棋盘。

不过,若是能够注意下面的问题,将会更加理想。在棋盘分成的4等份里,由菱形和正方形来表示4个骑士所能走的路线,将4个部分的相同字母所表示的菱形和正方形互相连接,就能获得4组由16个格子所形成的路线。

  要把这 4 条由 16 个格子所形成的路线完美地串联在一起,或多或少有些困难,这时候该怎样在不破坏锁链(骑士一连串的移动)的条件下加以变形呢? 在此就必须根据贝特朗规则才能成功,其要点如下:

  假定现在有通过 A,B,C,D,E,F,G,H,I,J,K,L 等格子的骑士移动的开放锁链,锁链的两端为 A 和 L。假如和最后第二个的 K 不同,D 格子和最后 L 的间隔刚好能让骑士移动一次时,可以把 DE 转变为 DL,结果移动的锁链变成:$ABCDLKJIHGFE$。也就是锁链的后半段以完全相反的方向移动。

  假如从前面至第二个格子以外的任何一个格子,都从第一个格子移动一次,而移动棋子的位置时,情形和前面一样,锁链(一连串的骑士移动)可以不破坏而加以变形。

  在此所介绍的方法,所找到的骑士绕一圈棋盘的走法并非无限多种,但由于方法太多,无法一一介绍给各位。

数学漫画 20

$$\overset{点}{\widehat{V}} - \overset{边}{\widehat{E}} + \overset{面}{\widehat{F}} = 1$$

	点 边 面 $\widehat{V} - \widehat{E} + \widehat{F}$	$V - E + F$
三角形	$3 - 3 + 1$	1
四角形	$4 - 5 + 2$	1
五角形	$5 - 7 + 3$	1
六角形	$6 - 9 + 4$	1
圆	$\square - \square + \square$	1

问:

三角形、四角形、五角形、六角形的点、边、面的关系有如图所示的公式成立。圆也有同样的公式。那么圆的点、边、面,各有几个?

圆是两个半圆结合的图形

吚!只有这样吗?

答:圆的点有 2 个,边有 3 个,面有 2 个。

十四、数的正方形

从接下来的四个问题中,我们要学会如何组合魔方阵的方法。所谓魔方阵,就是将数字排列成正方形,使每行每列以及两个对角线加起来的和都相等的数字表。

159. 写一至三的数字

在正方形的 9 个格子里(图 78),写上 1,2,3,使纵列、横行以及对角线的数字和都等于 6。应如何填写才能符合问题的要求?将所有的组合列出来。

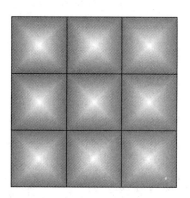

图 78

160. 写一至九的数字

在正方形的 9 个格子里,分别填上 1—9 的数字,使纵列、横行与对角线的数字和都相等。

161. 写一至二十五的数字

在正方形的 25 个格子里,填上 1—25 的数字,使纵列、横行以及对角线的数字和都相等。

162. 写一至十六的数字

在正方形的 16 个格子里,写上 1—16 的整数,并使纵列、横行以及对角线的数字和相等。

163. 四个字母

在 16 个格子所形成的正方形里,填写 4 个字母,使横行、纵列以及对角线上都有 1 个字母。

那么,相同的字母与不同的字母各有几种排列方式?

164. 十六个字母

在 16 个格子所形成的正方形里,填写 16 个字母(a、b、c、d 各 4 个),使横行、纵列都出现每一个字母各一次。这样的排列方式有几种?

格子数为 25、36 等的 n^2 方阵,可做成与上述同样的问题。在各行各列里排上几个不同的字母或数字,这种字母或数字在每列都不同的正方形表,称为拉丁方阵。首先研究这种方阵的是优勒,那是 1782 年的事。"拉丁"这个词是由于填在格子里的字多半以 $abc\cdots$ 为主而来的。由 n^2 个格子所形成的不相同的拉丁方阵,n 愈大,格子数就会迅速增加。1 至 k 的整数之积就以 $k!$ 来表示,换言之,

$$k! = 1 \cdot 2 \cdot 3 \cdots\cdots k$$

至于 $n \times n$ 大小的拉丁方阵数则为

$$n! \cdot (n-1)! \cdots\cdots 2! \cdot 1!$$

可是这个式子的答案只有在 n 较小的时候才算得出来。

165. 十六个士官

从 4 个部队当中各选出军衔不同的军官(上校、少校、上尉、中尉)4 人,并将其分配在方阵里,使每行每列都有各种军衔的军官以及各部队的代表者。应如何排列才能达到问题的要求呢?

166. 西洋棋比赛

两队各派 4 人参加西洋棋比赛,参加者必须和对方每 1 个代表各进行 1 回合的比赛。在如下条件下进行西洋棋比赛,应如何排列呢?

①每个选手各拿 2 次白棋和 2 次黑棋,比赛 2 次。

②每次比赛两队都以 2 次白棋和 2 次黑棋进行 2 次比赛。

有关 165 和 166 的问题,前者是将军官和部队的个数假设为 n,后者则是将每队的选手数以 n 来表示。这样可以做出与此类似的各种应用问题,因此将更容易理解。当 $n=2$ 时,类似前者的问题无法解答。因为 2 个部队当中的 2 个军队不同的军官共 4 人,无法按问题的要求分配。换句话说,1782 年优勒预言:当 $n=2,6,10,14\cdots\cdots$,时,也就是被 4 除余 2 的情况下,这问题是无解的。虽然 $n=6$ 的情形,在 1900 年证明他的主张是正确的,但是到了 1909 年,除了 $n=2$、$n=6$ 以外,其他的情形都能得到答案。换言之,当 $n>6$ 时,优勒的主张就不适用了。

数学漫画 21

问:

像骰子那样的立方体属于正六面体。那么,正四面体是什么形态呢?

骰子有 6 个面、12 个边、8 个顶点。

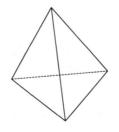

答:正四面体为如图所示的立体。

▶ 正四面体

十五、找路的方法

167. 蜘蛛和苍蝇

　　某房间天花板的一角 C（图 79）有一只蜘蛛。同时，地板的一角 K 有一只苍蝇。请问蜘蛛爬到苍蝇那儿的最短途径怎么走？

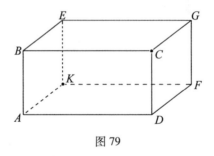

图 79

★桥梁、岛屿和拓扑学

　　你有没有去过由支流或分流形成的河中岛的城市或乡镇？在支流或分流里可能设有连接部分街道的各种桥梁。不知你是否想过（假定你是居住在有河、有岛、有桥的地方）以散步的方式将所有的桥梁各走一遍？其实，首先想到这个既有趣又重要的问题的人是著名的数学家尤拉。这个被命名为"拓扑学"的问题，成为几何学独特分解的指南。

　　在位置几何学里，有关几何学的图形与物体的测量等种种因素都不重要，只考虑顺序与配置的问题。一般而言，和西洋棋、围棋、骨牌等游戏有关的问题，以及大多数有关扑克牌游戏的问题，还有为了要织出美丽的图案而选择各种颜色的丝线等实际性的问题，都属于位置几何学的范畴。由此可见,这种几何学实际上由来已久。不过,直到 1710 年,才由莱布尼兹将这些问题发展成学科。前面曾提过尤拉也研究过这类问题,所以,在此我们举出其中比较简单的问题来说明。

对于下面将要提出的问题,在解答之前,要先调查问题的条件可不可能成立,才有意义。尤拉在答案为否定的情况下,调查得更加详细。

168. 七桥问题

1759 年尤拉所提出的问题如下:

围绕在岛周围的河流可分为两部分,总共有 a、b、c、d、e、f、g 七座桥梁(如图 80),可以以散步的方式能将这些桥全部走一遍,而且每座桥不走两次以上吗?

"当然可以!"有人如此说道。

"不,这是不可能的!"也有人如此回答。

究竟哪一种回答才是正确的呢? 应如何证明?

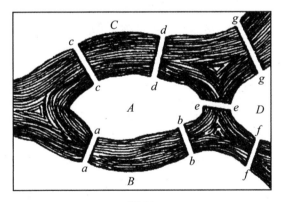

图 80

或许各位认为解答问题最简单的方法就是尝试各种可行之道,找出能适合问题条件的走法。但是在现在桥梁有 7 座的情况下,这种尝试颇费时间。假如桥数增加,这种解答方式实际上没什么意义可言。而且,即使桥梁数不变,问题的内容也会因桥的位置不同而有所变化,所以我们选择另一种比较理想的解法。

首先,如问题所述,桥数为 7 座的时候,我们来调查并找出能够符合问题条件的走法。为了有助于推论,利用如下的记号。

假设 A、B、C、D 为河流所隔开的陆地部分。(如图 80)

接下来由 A 走到 B,不论是走 a 或 b 哪一座桥,都以 AB 来表示。由 B 走到 D 时,则以 BD 来表示。这时由 A 至 D 的路径就表示为 ABD。换句话说,同时代表终点和出发点。

接着由 A 至 C 的整个过程就记为 $ABDC$。总之,由四个字母所组成的记号,就表示由 A 处出发,经过 B,D,走过了 3 座桥,最后到达 C 的意思。

如此,假设必须走过第四座桥,其路径就得以 5 个字母来表示,走过 5 座桥,就需要 6 个字母。以此类推,每多经过一座桥,表示路径的字母就必须跟着增加 1 个。

现在,7 座桥各走一次,那么表示路径的字母就有 8 个。一般说来,如果桥有 n 座,就得以 $n+1$ 个字母来表示路径。

接着,我们该如何排列这些字母呢?

由于 A 和 B 之间有 2 座桥,因此 AB 或 BA 的字母关系,必须要出现 2 次才行。如此,AC 或 CA 的字母关系也要出现 2 次,因为这些地点之间都有 2 座桥。此外,A 与 D,B 与 D,D 与 C 的字母关系,会各出现一次。

那么,如果问题有答案的话,想按照问题的要求过桥,必须遵守以下两个条件:

①所有的路径以 8 个字母来表示。

②在排列这些字母的时候,必须遵守上述连写字母的方法以及次数的要求。

接下来要检讨下列重要的事实:

例如,其他地区和桥 a,b,c……所连接的地区 A(在这问题里是和 5 座桥连接),渡过桥 a(从 A 侧或 B 侧皆可),表示路径的字母 A 会出现 1 次;接着通过 A 的 3 座桥 a,b,c,这时很容易就能了解,路径的标记中,字母 A 举将出现 3 次。一般说来,当通过 A 的桥为奇数座时,想了解路径的标记中,A 究竟会出现几次的方法,只要把奇数的桥数加 1,然后除以 2 即可。这种方式适用于所通过的桥为奇数的时候,其他地区也能适用。为了简洁表示这些地区,我们将其通称为奇数地区。

从这点开始研究尤拉的问题。

现在地区 A 有 5 座桥可通过,与 B,C,D 地区各有 3 座桥连接。换句话说,这些地区都属于奇数地区。根据上述原则,通过 7 座桥的全部路径标记如下:

$$字母 A 出现 \frac{5+1}{2} = 3(次)$$

$$字母 B 出现 \frac{3+1}{2} = 2(次)$$

$$字母 C 出现 \frac{3+1}{2} = 2(次)$$

$$字母 D 出现 \frac{3+1}{2} = 2(次)$$

因此,所要求的路径标记总共需要 9 个字母才行。但是前面曾经提过,如果这个问题有答案的话,路径的标记字母应为 8 个才对。于是我们知道,以这种方式来配置桥梁,与问题条件不合。

那么,意思是在 1 个岛将河流分为 2 部分,其间有 7 座桥的情况下,要将所有的桥走过一次的问题无法解答啰?其实不然,我们所证明的只不过是桥的配置如问题所设定的那样时,无解。当然,如果桥的配置改变,那么问题的答案也将随之改变。

接下来,我们留意当到达各区域的桥梁数目为奇数时,应用刚才所叙述的同样的方法,来确认问题究竟有没有答案的事实。

不过,为了解答一般的问题,必须研究从某地区所经过的桥数为偶数的情况。

例如,地区 A 有偶数座桥梁,为了表示所有桥各走一次的路径,必须划分路径为由 A 出发或由其他地区出发的两种情形。

事实上,由 A 至 B 有两座桥的时候(如图 81),由 A 出发,将 2 座桥各走一次的行人,必须把路径标记为 ABA。换句话说,标记的字母 A 会出现 2 次;相反,如果行人由 B 出发,2 座桥各走一次的话,其路径就记为 BAB,那么字母 A 就只出现 1 次。

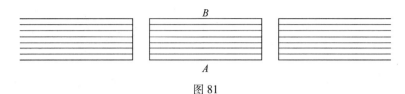

图81

假设 A 有 4 座桥,不论是否从特定的地点出发,结果都是一样。现在有个行人从 A 出发,将每座桥各走一次,那么,显而易见,路径的标记中,A 的字母会出现 3 次。但是他如果从其他地区出发,那么 A 的字母将会出现 2 次。同理,当桥数为 6 时,根据行人是由 A 出发还是由其他地区出发,就可判定字母 A 会出现 4 次还是 3 次。由此我们引导出如下的规则:

当某地区的桥数为偶数(偶数区域)时,标记路径的字母在由其他地区出发的情形下,所出现的次数为桥数的一半;反过来说,如果从偶数地区出发,字母出现的次数则为桥数的一半加上 1。不论怎样,偶数地区的过桥路径标记的字母出现的次数绝不会少于桥数的一半。

由上述可引导出有关桥梁问题的一般解法。无论如何,首先要确认的是该题是否能找出答案,接着我们将解法按以下的方式展开:

①求出桥梁的个数作为解答之匙。

②被河流所隔开的不同区域,分别以字母 A,B,C,D……来表示,依次写在纵栏上。

③在各地区记号的第二列纵栏里,写上能到达那地区的所有桥梁个数。

例如现在问题中的桥梁有 7 座,就表示如下:

桥数 7 A 5
          B 3
          C 3
          D 3

这时要注意第二栏的数字和经常与桥数的 2 倍相等。因为任何一座桥都有两端靠岸,把这些都加进去的话,这个结果是理所当然的。问题中有奇数地区时,其奇数地区的个数必然是偶数,否则第二栏的和就不可能为偶数了。

④在第三栏里记下左栏偶数除以 2 的结果。当左栏的数为奇数时，就必须加 1 再除以 2(第三栏中的数表示所对应的字母在路径的标记中所出现的次数)。

⑤求出第三栏的数字和。

以这个问题来说，解答的模式如下：

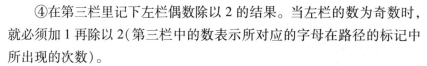

桥数 7   *A*   5   3

        B   3   2

        C   3   2

        D   3   2

———————

    计   9

如前述，假如第三栏的数字和比第二栏的数字和的一半(也就是桥数)还大的话，表示奇数地区的个数超过半数。从另一个角度来看，第三栏的数字和表示一切字母反复出现的总次数。换句话说，标记路径的字母个数(也就是桥数再加上 1)至少为此数。因此，假如这个问题有解的话，其奇数地区个数的一半不会比 1 还大。

于是以一般情形来说，如果此问题有解，我们可确认如下的事实：

①所有的地区皆为偶数地区。

②倘若有奇数地区，最多只有两个。

在这种情况下，将每座桥各走一次的问题必然有答案。如果是②的情形，就必须从奇数地区出发才行。

数学漫画 22

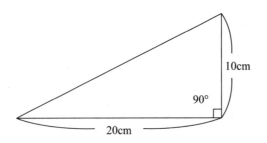

问:

想利用暑假做劳作,可是材料不够。现在要把图中的直角三角形木板锯开,拼成一块正方形。请问该怎么做?

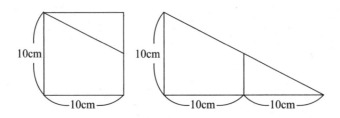

答:如图从底边 10 厘米处垂直锯开即可。

169. 十五座桥梁

接下来我们来看如图 82 所示,有 2 座岛的问题。在岛与岛、岛与岸以及岸与岸之间总共有 15 座桥梁。现在将每座桥各走一次,能走过所有的桥吗?

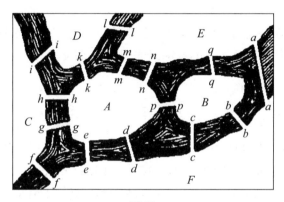

图 82

此处所表示的地区全部为偶数地区。我们来证明将每座桥各走一次的封闭路径(最后又回到出发点)存在。将路径途中所通过的桥数看成路径的长度,例如问题 169 的路径长为 15,一面遵守问题的条件,一面通过所有地区的路径,选择最长的路径(以字母 $a,b,c\cdots\cdots$ 来表示路径中所通过的桥梁的名称)。路径的出发点以 A 来表示,假定路径最后的终点并不是 A,而是地区 C,这时假如路径的表记中 C 出现 r 次。那么,意味着在路径的过程中通过的桥数为 $2r$。C 为偶数地区,假定最后通过桥 g 抵达目的地,除了已经过的 $2r$ 个桥之外,还必须通过和 g 本身不同的另一个由 C 出发的桥 h,这意味着和现在要选择最长路径的原则互相矛盾。如果路径在 A 结束,就不会产生这样的矛盾。由此可知,路径 $abc\cdots g$ 的终点必然在 A 地区,形成一个封闭的路径。接下来要证明这条最长的路径能通过全部的桥。假定没有通过桥 f,很明显,通过有桥的地区之一的路径为 $abc\cdots g$,说得更清楚一点,假设 f 是由设置桥 a,b 地区 B 的通达,那么路径 $fbc\cdots ga$ 就比 $abc\cdots g$ 还长一个单位。可是,我们将通过全区域的最长路径设为 $abc\cdots g$,由此可证明路径 $abc\cdots g$ 能通过所有的桥。

以问题 168 来说,如果全部的桥都走两次,那问题就有解了。这意味着当桥数增加为 2 倍时,所有的地区都成为偶数地区。

最后,假设奇数地区为 A 与 B 两处,我们来证明问题所要求的路径确实存在。假定 A 与 B 之间的新桥 a 设置之后,全部的地区都成为偶数地区。如前述,必然有能通过所有桥一次的路径存在。由于其为封闭路径,所以可选择任何一座桥,将两端为 A 与 B 的线路 abc…g 视为所求的答案。这是很容易证明的。

在问题解答之后,可以实际地走走看。不过这问题比较简单,再加上在此又叙述了寻找路径的方法,所以更是轻而易举。

170. 走私者之旅

过桥的问题可以变化为各种形式来应用。假设现在有个走私者在各国边境上各绕一圈,然后将欧洲各国各走一回,请问他的路程应该怎样走?

很明显,在这种情形下各国的国境和绕桥问题中土地部分(地区)以及搭长桥的河流相对应(桥相对于国境)。

171. 一笔画的问题

有个故事是这样的:某人说谁能画出下列的图形,他就给那人 100 万卢布。不过有个条件,就是要以一条连续的线完成此图。在这期间,钢笔或铅笔不能离开纸面,同时每一部分均不能重复两次。

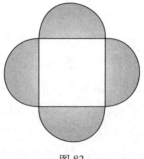

图 83

　　既然解开如此简单的问题就能成为百万富翁,那么,多费一些纸、多花一些时间还是很划得来的。但事实上这个问题是没有答案的。虽然就差那么一点,但无论如何,还是无法以"连续的线"画出所要求的图形。困难的所在就是比这图形还简单的图形——四角形与两条对角线——根本无法以一笔画成。虽然这图形看起来更简单,但是它永远不可能一笔画成。

　　然而,无论如何这问题是否当真无解,犹令人怀疑。因为许多乍看之下比这还复杂的图形却能轻易地一笔画出。例如凸五角形与其对角线所形成的图形,可以一条连续的线画成。(如图85)

　　同样,一切以边数为奇数的多角形和其所有对角线形成的图形都能很轻易地一笔画出。相反,边数为偶数时就无法办到这一点。

　　了解了这项原理,要分辨怎样的图形能一笔画出、怎样的图形不能一笔画出就不困难了。像这类问题,都可参考前面尤拉所提出的过桥问题。

　　我们现在来实际研究四角形 ABCD 以及两条对角线的图形(图84),试试看在每一部分不重复两次的原则下,能不能一笔将它画出来。

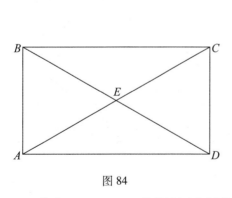

图 84

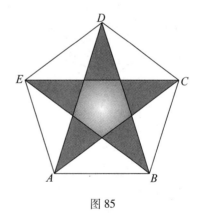

图 85

　　将点 A、B、C、D、E 看成被河流所分隔的地区,将连接这些点的线看成那些桥梁。在这种情况下,地区的总数为5,其中有 4 个是奇数地区,1 个偶数地区。由我们刚才的研究得知,在这种情况下,不可能在每座桥不走两次的原则下,把所有的桥通通走一遍。换句话说,这图形不可能在每一部分都不重复的情形下,以一条连续的线将所有的点通通连接起来。

　　由此可见,图形是否能一笔画成的问题和过桥的问题完全相同,可从一个推导另一个。

　　边数为奇数的多角形与其所有的对角线以同一条线不重复而能一笔画完的问题,必须和绕桥问题中所有的地区皆为偶数地区的情形相对应才行。

　　在此不论是直线图形或曲线图形,不论是平面图形或立体图形,道理都是相同的。例如正八面体的边可以轻易地一笔画完,但是其他凸多面体就没那么容易了。

　　据说穆罕默德以如下的方式(他并不识字),一笔画完了如图86所示的两个眉月形的组合图形,作为他的签名。在这种情形中,从任何一点都能延伸偶数条线,当然可一笔画成。除了延伸偶数条线的点之外,延伸奇数条线的点为两个的图形,也能一笔画完。图87即表示包含两个奇数点A与Z的图形。这个美妙非凡的几何学图案,要以一笔画成的话,必须和前面所叙述的过桥问题一样,由A或Z其中一点出发才行。

　　图88与图89的图形虽然看起来很简单,却无法一笔画成,因为前者有8处、后者有12处所延伸的线为奇数,所以前者至少要4笔才能画成。换句话说,图88是由4条连续的线所形成的。至于后者则需要6笔才能画成。

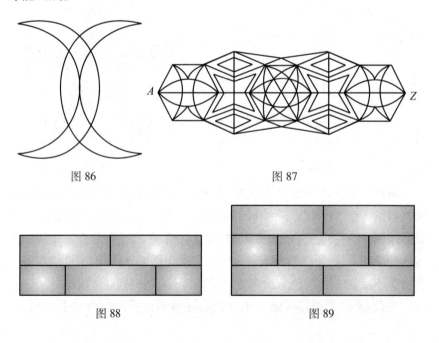

图86　　　　　　　　　　　　　　　　图87

图88　　　　　　　　　　　　　　　　图89

像这样的例子不胜枚举。

为了让大家多加练习,试试将图 90 的图形一笔画完。

图 90

172. 工作岗位

　　某个工作岗位有 10 台工作机械，10 名工人。每人可以同时使用 2 台机械，而且每一台机械都可同时被工人操作。你能让这些工人各就各位操作自己的机械吗？

数学漫画 23

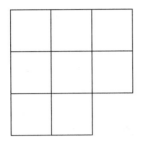

问：

贴瓷砖时发现少了一块，没办法之下，只好将原有的瓷砖切开，重新拼凑成一个正方形（新的正方形会比原来的稍小些）。请问，最具效率的切法如何？

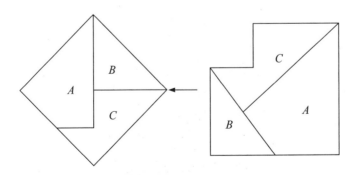

答：如图切开即可。可利用纸片试着剪剪看。

十六、迷宫

迷宫问题的起源可追溯到很久很久以前,已经成为一种传说。不仅古人,连现代还有很多人都以为迷宫的问题相当复杂,一旦踏进迷宫,除非奇迹出现或得到意外的帮助,绝对无法走得出来。

不过,我们在此要研究与这种想法完全相反的方法。事实上,没有出口的迷宫并不存在,同时不论出路多么复杂,绝对有办法找出出口。在解开问题的答案之前,我们先进行有关迷宫的历史考证。

"迷宫"一词源自希腊语,意思是地下道路。其实,大自然里也有许多走廊、狭路或死巷向各个方向延伸、交叉。一旦踏进迷宫,很容易发生迷路的情形,找不到出口,由于又饥又渴,最后命丧地下洞穴。人造迷宫中最典型的例子就是各种矿山的矿坑,以及所谓的"地下坟墓"。

看到这些地下洞穴,古代的建筑师们可能想仿效这种方式建造人工建筑物。事实上,古代的文学家们就曾提及埃及的人造迷宫。不过,"迷

法国圣昆丁教学的地板用石块砌成
迷宫,入口在下方为垂直形态

宫"这个词意味着许多通路与走廊形成无数的交叉,不小心走进迷宫的人,为了找寻出口,而终其一生在里面徘徊,因而是一种极为复杂的人工建筑物。像这样的迷宫建筑,产生了许多古老的传说。

其中最著名的是泰达路斯(*Daedalus*)为神话之王米罗斯在克里特岛(*Crete*)建造的一个迷宫。迷宫的中心住着一只牛头人身的怪物(*Minotaurt*),每个走进迷宫的人都因为无法找到出路而成为怪物的食物。雅典的人们每年要贡献7名少女和7名少男给怪物,让怪物把他们通通吃掉。后来是希修斯(*Theseus*)消灭了怪物。不仅如此,希修斯还利用公主亚瑞妮(*Arachne*)给他的线卷,平安无事地离开了迷宫。从此以后,"亚瑞妮之线"就成为一句格言,比喻从很复杂的状况中找出线索,进而解决问题。

迷宫的形态与构造千奇百怪。不论是复杂的走廊、地下道路或坟墓做成的迷宫,墙壁或地板都是利用建筑技术做出来的;也有些墙壁和地板,使用五颜六色的大理石或砖块表示复杂的设计图案;或者在石上雕刻弯曲的网路、在岩石上做出浮雕的曲线模样,有些至今仍保留着。

19世纪基督教国家的皇袍,都以迷阵的图案为装饰,那种装饰的遗迹在现在的教堂或集会所的墙壁上仍可见到。以迷阵作为装饰的意义可能是为了象征人生之路是多么的困难或者是生而为人的迷惑。12世纪上半期是迷阵最盛行的时候,当时在法国有许多用石头布成的迷阵,在教堂或集会场所的地板上也绘有迷宫的图案,称为"通往耶路撒冷之道",意味着只要克服困难,就能升上天国,享受天国的幸福生活。因此,

迷宫的中心通常称为"天国"。

在英国教堂的地板上虽然没有迷阵的图案,但是在森林里利用草坪做成的迷阵却经常可见,多被命名为"特洛伊城"或"牧童的足迹"。莎士比亚在他的戏剧《仲夏夜之梦》和《暴风雨》中所引述的都是这类的迷阵。

以上的迷阵与其说具有数学的性质,不如说具有历史的性质比较恰当。同时,要找寻其出路的方法并不困难,这些图案随着岁月的流逝,已失去了本来的意义,而成为娱乐的对象。现在的庭园、花坛或公园里,经常可以看见迷阵,里面有许多互相交叉或者忽然变成死巷的弯曲道路,形成一个极为复杂的图形,一走进去很难找到中心。

根据历史上的考证,迷阵的问题由来已久,同时很多人对此问题兴趣浓厚,为了找到迷阵的"出口"而费尽心思。假如迷阵没有出口,那么就要找到通往中心的路径,或者是由中心回到入口的路,而且,必须在偶然或幸运之下才能做到。换句话说,不能根据数学的原理解决迷宫问题,或者设计那样的图案。事实上能做到吗?

这疑问直到近年才被解开,而且,解释这原理的是伟大的数学家尤拉。他的结论是没有出口的迷阵绝对不存在。

至于个别迷宫的解答,可以用比较简单的方式找出,细心的读者应该能够理解。

★有关迷宫问题的几何学结构

形成迷宫的街道、巷子、走廊、回廊与矿坑等,向各个方向弯曲,延伸交叉,然后向各个方向放射,再互相交叉或无路可走。为了解决这些问题,将所有的交叉点以点来表示,同时以直线或曲线表示所有的街道、巷子与走廊。不论线是否在平面上,只要能连接点(交叉点)就行了。

在这些点或线所形成的图形上,从点沿线移动,在不离开图形而转移到任意点的时候,这图形形成一个几何学的网路或迷阵。

为充足这个条件,现在证明能如此移动点(或以人来表示),在不跳跃、不中断的原则下,可依靠线来描绘网路,而且还要证明每一条线都能走两次。这样的点当然会通到迷阵的出口。

如此能绕一圈,也就是说由于所有线都必须经过两回。从这网路所得到的图形可以一笔画成。但就迷宫的情形而言,在里面徘徊的人无法看到整体的设计图,只能看见眼前的部分,于是情况更加复杂、困难。因此限制他证明确实能绕一圈。

但在开始证明之前,先进行一种有趣的数学游戏。这个游戏可帮助各位了解前面的道理,同时对于证明的理解有很大的帮助。首先,在白纸上画几个点,将这些点每两个以自己所喜欢的直线或曲线连接,就可得到前面称为几何学的网路。例如都市的路面电车或无轨电车的交通网、一国的铁路网、河流与运河所形成网路、各国的边境等,这些都可称为几何学的网路,也就是迷阵。(开始时的网路不要太复杂。)

在不透明的纸或厚纸上挖一个小洞,以便能看见刚才所画的网路,也就是迷阵的部分。如果不利用这样的纸(打了洞的纸),眼睛所看见的网路将太过于复杂,会很容易产生困惑。接下来将这个镜头(小洞)向网的任意一个交叉点移动。假定此点为A。透过镜头,一面用眼睛观察,一面将所有的线都走两回(每条路径都来回一次),不间断地通过,然后又回到A。为了记忆曾经通过一回的线,在进入或离开交叉点时,在线上做连字号。根据这些记号解决问题以后(每条线各走两回),再从一个交叉点移至另一个交叉点。路径两端各有两个连字号的标记,此标记不会多于此数。

在真实的迷阵或地下矿坑的坑道,或者洞穴内的分叉道等,行走的人必须把自己的所在地以其他的记号来标记以示区别,在进入或离开交叉点,也就是在进入或离开坑道时,可以放置石头作为标记。

现在我们回到迷阵是否有出路的问题,根据前面的证明来解决一般性的迷宫问题。

★迷宫问题的解答

规则Ⅰ:从出发点(第一个交叉点)开始,沿某一条线(路)走到尽头(死巷)或新的交叉点时:

①走到无路可走的时候,必须调转回头走,那么此路已走两回,可以将其去掉。

②走到新的交叉点时,选择新路前进,这时必须在新的路径上做记号。

图91表示沿着箭头f的方向走到交叉点,选择以箭头g来表示的方向,然后在进入或离开交叉点的两条路上都标明记号。(图中通过交叉点时所做的记号以十字形表示)

第一次走到的交叉点,根据规则Ⅰ即可,但迟早会走到已经通过一次的交叉点,这时会出现如下两种情形:其一为走已经走过一回的路来到那交叉点;其二为沿着没走过的新路到达该点,因此必须遵守如下的规则。

规则Ⅱ:沿着新路来到已经通过一次的交叉点,如图92所示,那条道路有两个记号(到达与重新出发),必须回到原来的方向才行。

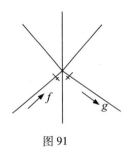

图 91

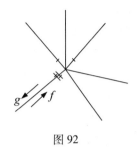

图 92

规则Ⅲ：如果沿着本来的路，到达新的交叉点，路上会有两个记号，如果有新的路就顺着新路方向前进。（如图 93）

如果没有新路，那么选择曾走过一次的路前进，如图 94 所示。

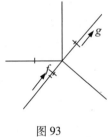

图 93

图 94

严格遵守这些规则，能将形成网路线各走两回，然后回到出发点。同时，若能预先留意到下列的情况，就能彻底了解这些问题，并加以证明。

①出发点，例如由 A 出发时做好出发的记号（横切线的连字号）。

②遵照前述的三个规则，每次通过交叉点时，在集中那点的线上会增加两个记号（横切线的两个连字号）。

③在通过迷阵的任何点，也就是在到达任何交叉点之前，或离开交叉点之后，最初的交叉点（出发点）的记号（连字号）的个数为奇数，但其他交叉点的记号皆为偶数。

④不论是通过交叉点之前或之后，在任何一种情况下，最初的交叉点只有一个记号的道路只有一条。其他所有交叉点，各有一个记号的道路刚好有两条。

⑤迷阵绕完一圈之后，通过所有交叉点的道路都有两个记号，这些事实已充足了问题的条件。

　　能注意到上述的情况,就会了解假如有人从 A 出发到另一点 M 时,他的旅程将不会遇到困难。事实上他所到达的任何一处,不是新的路,就是曾走过一回的路。前者可利用前述的规则Ⅰ与Ⅱ,而后者在到达点 M 的时候,该点的记号为奇数。因此,在那里如果找不到新的路,就顺着曾走过一次的路前进即可。根据第三点注意事项,其交叉点(如果不是出发点)的记号数就成为偶数。

　　假定最后旅程结束,必须回到出发点 A 时,将这条最后的路径称为 ZA,表示该线是由交叉点 Z 通至 A,这条路必须是先由 A 出发的路才行。既然必须依靠这条路回到出发点,意味着没通过两次的到其他道路已无路可走,否则就是忘了应用规则Ⅲ的前半部分。不仅如此,还意味着如第四点注意事项所示的,还有只通过一次的另一条道路 YZ,如此回到出发点 A 时,通过 Z 的道路才都有两个记号。以同样的方式可证明以前的交叉点 Y 以及其他所有的交叉点。换句话说,我们的课题已经证明完毕,同时问题也已经解决。

数学漫画 24

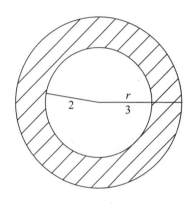

问:

要把一个蛋糕如图切开,请问外侧和内侧的蛋糕哪个大? 直径之比是2:3。

圆的面积比与直径的平方比相等。

答:内侧圆和外侧圆(大圆)的半径比是 2:3,面积比则是 $\pi 2^2$: $\pi 3^3$ $=4:9$

全面积-内侧圆面积 $=9-4=5$

所以,外侧为 5,内侧为 4,外侧蛋糕比较大。

173. 令人头晕的迷阵

如图95所示的迷阵,在此介绍其简单的解法。图中隔开的线以实线表示,而主要路径则以虚线与点画线来表示。依靠图中所提示的解法,先由 A 移至 C,接着由 F 移至 B。

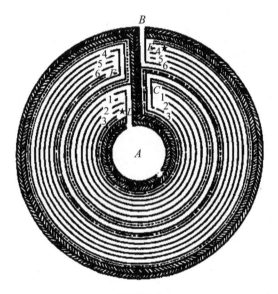

图95(a)

到 C 的时候,将到 D 的三条路分别以 1,2,3 来表示;同理,到 E 的时候,要到 F 有 4,5,6 三条路,从 C 至 E,D 至 F,D 至 E,各有虚线、点、实线以及星号的道路,因此这种情形可以通过图95(b)的简化图形来表示。这个图形的路径和圆形迷阵的道路相对应,看起来很清楚,因此除了这些条件以外,加上同一条路不走两次的条件,由 A 至 B 可有640种走法。

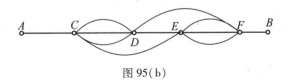

图95(b)

顾名思义,这真是令人头晕的迷阵。

174. 凉亭

根据前面所叙述的原理,已经学会迷阵问题解法的诸位读者,可轻易找出到达图 96 所描绘的公园中的凉亭的走法。为了节省时间,各位可能认为,从凉亭出发找出口比从入口出发找寻凉亭要简单,不妨在有空的时候,试着走走看,其中妙趣无穷。

图 96

175. 另一种迷阵

图 97 是另一种有趣的迷阵,试试看,能否找到到达中心最短的路径。

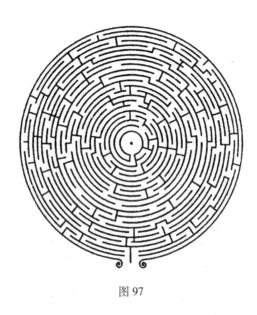

图 97

176. 英国国王的迷阵

　　英国国王威廉三世的王宫庭园之一是由行道树和围栏所形成的迷阵。栽种着行道树的道路长达半英里,庭园中心有两棵大树,每棵树下各有一张长凳。如图 98。

图 98

　　走到庭园中心,然后又离开庭园的方法,就是从一踏入迷阵开始,一直到最后右手都不离开围栏。

数学漫画 **25**

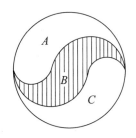

问:

　　这是太极图变形而成的图,请问 A、B、C 的面积是多少?已知 A 等于 B。

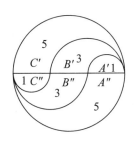

先以直线将大圆二等分,A'、B'、C'三个半圆的半径比为 1：2：3,三个半圆的面积比即为 $1^2 : 2^2 : 3^2 = 1 : 4 : 9$

而 A'、B'、C' 各被划分出来的面积是:

$A'=1,B'=4-1=3,C'=9-4=5$

因此,$A' : B' : C' = 1 : 3 : 5$

同理,$A'' : B'' : C'' = 5 : 3 : 1$

最后可得 $(A'+A'') : (B'+B'') : (C'+C'') = 6 : 6 : 6 = 1 : 1 : 1$

答: $A : B : C = 1 : 1 : 1$,面积都相等。

解　答

一、奇妙的问题

1. 因为其中一人拿走了苹果和篮子。

2. 有些人可能会这样想:4 个角落各有 1 只猫,每只猫的对面各有 3 只猫,合起来是 12 只,加上原来的 4 只,就变成 16 只了。同时每只猫的尾巴上也各有 1 只猫。那么,房间里总共就有 32 只猫。这种想法应该没错,但更合理的答案是:房间里只有 4 只猫——既不多也不少。

3. 这个问题如果要求立即回答,一般人可能会回答:第 8 天。但事实上,在第 7 天的时候就剪到最后一块了。

4. 将数字写在纸上,然后将纸倒过来看(180°旋转),就变成 999 了。

5. 有的,例如 $\dfrac{-3}{6} = \dfrac{5}{-10}$。

6. 如果将马蹄铁想成弧形,那么,无论如何都不可能用两条直线分

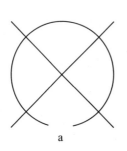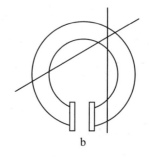

图99

割出比 5 还多的部分(如图 99*a*)。但是,实际的马蹄铁一般都拥有一定的宽度,这样情形就不同了。在这种情形下多试几回,正确的就出来了:可以用两条直线将马蹄铁分割成 6 部分。(如图 99*b*)

7. 老人只向那两个年轻人说:"你们互换对方的马来骑。"两人立刻同意老人的建议,互换对方的马来骑。为了使自己的马后到终点,彼此都拼命鞭策所骑的对方的马,全速奔驰。

数学漫画 26

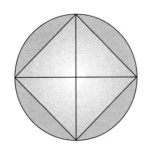

问:

　　这是谜题大王狄洛尼 9 岁时创作的谜题。即笔不可离开纸面,一笔画成左图。同样的线条不能画两次。

"我有 9 个兄弟,为博得他们的高兴,我才创作谜题。有人建议我投稿少年杂志,后来稿件被采用,稿费是 5 先令。"(狄洛尼)

答案独立思考。

★ 谜题大王狄洛尼(1857—1930),生于四月,死于四月,是将毕生的精力奉献给谜题创作的英国人。他和美国人劳埃一样,同是现代谜题的元祖。

二、火柴棒的问题

（8—25 的问题请参照下面的图）

8. 图 100

图 100

9. 图 101

图 101

10. 图 102

图 102

11. 图 103

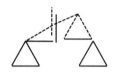

图 103

12. 图 104

图 104

13. 图 105

图 105

14. 图 106

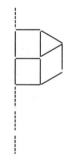

图 106

15. 图 107

图 107

16. 图 108

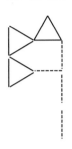

图 108

17. 图 109

图 109

18. 图 110

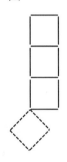

图 110

19. 图 111

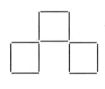

图 111

20. 图 112

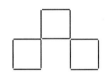

图 112

21. 图 113

图 113

22. 图 114

23. 图 115

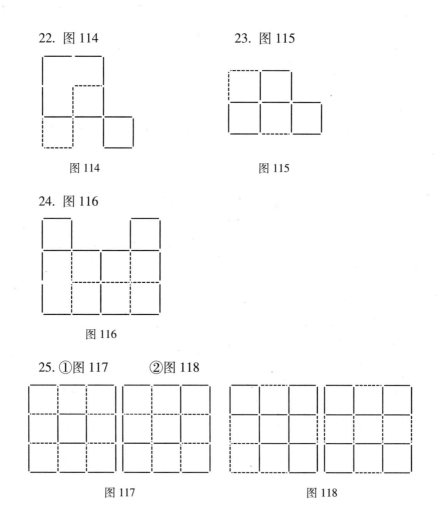

图 114

图 115

24. 图 116

图 116

25. ①图 117　　②图 118

图 117　　　　　　　图 118

26. 如图 119，问题很简单，但少有人会想到这个答案，因为这个问题不能以火柴棒所做成的平面图形来思考，而应以立体图形来想。

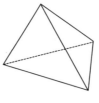

图 119

如图 119 所示，由正三角形所做成的正三角锥体，由四个全等正三角形所围成,称为正四面体。先用桌上的 3 根火柴棒做成三角形,然后用剩余的 3 根火柴棒,使下端连接桌上三角形的顶点,上端重合且与三角形重心的连线与该三角形平面垂直。那么,就可获得这问题的答案了。

27. 开始会觉得这问题很难,但答案非常简单。首先,把火柴棒 A 摆在桌上,然后将其他 14 根火柴棒依次和这根火柴棒垂直排列,并使它们紧挨着。这时,火柴棒的前端必须突出 A 为 1～1.5cm,至于火柴棒的后端,则必须紧贴桌面。(如图 120)接着在火柴棒互相交叉的上方所形成的凹陷部分,将剩余的一根火柴棒以和 A 平行的方向排下。这时轻轻捏着 A 端往上抬起,很奇妙地,其他 15 根火柴棒也自然地抬起来了。(如图 121)

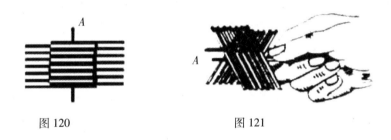

图 120   图 121

数学漫画 27

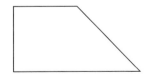

问:

左图是一个正方形和另外半个正方形结合而成的图形。现要 4 等分为同一形状,请问如何分?

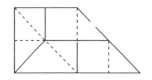

答:如左图。

★ 三角形部分是问题的关键所在。

三、想法和数法

29. 一般人会反射性地想到"7艘"这个答案。但是,这答案并不正确,因为要把已经向哈佛尔驶出的船和即将出发的那一艘船加进来算才行。

当这艘汽船从哈佛尔出发的时候,同一家公司已经有8艘汽船朝哈佛尔的方向航行。(其中一艘已经到达哈佛尔,另一艘刚好从纽约出发)

所以这艘汽船会和那8艘船都相遇。另外,在驶向纽约的7天当中,纽约也分别有7艘船出发(其中最后一艘在汽船抵达的同时出发),也会和这艘汽船相遇,因此最后答案应该是15艘才对。

为了使各位更清楚地理解答案的理由,以图形来说明:图122就是这家公司汽船的航行图,横轴代表天数。(图122 上哈佛尔; 下纽约)由此图可以看出A至B的斜线部分表示汽船的航行情形。每艘汽船在航行途中与一艘船相遇,合起来总共有15艘船。不仅如此,这张图表也显示出每艘船相遇的时间不是在每天的中午,就是在深夜十二点。

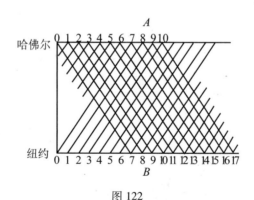

图 122

30. 想到第六个客人获得1个完整的苹果,问题就很容易解决了。如此就可推算出第五个客人买了2个苹果,第四个客人买了4个,第三个客人买了 8 个……因此全部苹果有:1+2+4+8+16+32=63(个),换句话说,农妇带了 63 个苹果到市场去卖。

31. 在解答这个问题的时候,有些人可能这么想:每一昼夜是 24 小时,在当中蟋蛉爬上 5 米,又滑下 2 米,总共前进 3 米,因此,要爬至 9 米处,需要三个昼夜的时间,答案应该是星期三上午 6 点。

但是,这答案很明显错了。因为在两个昼夜之后,蟋蛉已经爬上 6 米之处,在星期二上午 6 点又开始往上爬,到晚上 6 点时已经爬到 11 米高了。所以简单计算后便知,蟋蛉在星期二下午 1 点 12 分就能达到 9 米之处。(假设蟋蛉爬行的速度不变)

32. 问题其实很简单,但一般人容易陷入各种细微的复杂计算之中而钻进了牛角尖。如果能掌握苍蝇不会停留的关键,就可知道苍蝇正好飞了 3 个钟头,所以答案很简单,苍蝇的飞行距离是 300 千米。

33. 这问题和前面的问题很相似,答案与这只狗的主人是谁无关。第 2 个行人在 4 小时之后赶上第一个行人,那么,在这期间狗跑了

$$4×15=60(千米)$$

34. 个位数为 5 的一切整数可以 $10a+5$ 的形态来表示,而 a 代表十位上的数字,所以:

$$(10a+5)^2 = 10^2 a^2 + 2 \cdot 5 \cdot 10a + 5^2$$
$$= 100a^2 + 100a + 25$$
$$= 100a(a+1) + 25$$

由此可知,要求 $10a+5$ 的平方,只要在 $a(a+1)$ 的右侧写上 25 即可。

以此类推,只要个位数是 5,不仅能应用于两位数,更多位数的平方也能求出。在这种情况下,要以心算的方式来计算或许不容易,但如果在纸上计算的话,将可节省许多时间。例如:

$10×11=110$,因此 $105^2=11025$

$12×13=156$,因此 $125^2=15625$

$123×124=15252$,因此 $1235^2=1525225$

35. 将最末位数字 2 移到最前方,数字就变成原来数字的 2 倍。所以,倒数第二位的数字为:$2×2=4$

其上一位的数是:$2×4=8$

再上一位的数字是:$2×8=16$

更上一位的数字是:2×6+1=13

以此类推,就能求出答案。同时,此数最高位的数字必然是 1。所以当其中一个数字乘以 2 倍,并加上由下位所移上的 1 时,和为 1 就可停止计算,故问题的答案为:

105263157894736842

此即为问题的答案之一,如果按上述的方法继续下去,还可求出其他的答案(无穷尽),此时各位将发觉这些答案都是由上列的数字所组合而成。

36. 在所要求的数上加 1,使其能被 1,2,3,4,5,6 整除,具有这种性质的最小数是 60(最小公倍数),因此这数列是:60,120,180……

由于此数也能被 7 整除,所以在这个数列里寻找被 7 除余 1 的数,符合这条的最小数是 120,故此问题答案的最小数为 119。

38. 要走到每个放苹果的地方,然后回到放篮子的地点,所要走的路程单位如果以米来表示的话,1 至 100 的整数和再乘 2,也就是 101 的 100 倍,等于 10100(米)。也就是说,要走 10 千米以上的路程。这种收集苹果的方式是很辛苦的。

39. 普通的钟每一天所敲的最多次数是 12 次,所以这个问题只要求出 1 至 12 的整数和,就能获得正确的答案。不过,如果按前述的方法来计算,以为答案是 13×12 的一半,那就错了。因为一昼夜从 1 至 12 时的时刻有 2 次,所以要算出钟究竟敲了几下,只需 13×12 即可,答案应该是 156 次。

如果钟在 1 点半、2 点半……也就是每次到 30 分也会敲 1 下的话,一昼夜究竟敲了多少下的问题也是很容易求出答案的。

41. 求 1 至 $2n-1$ 所有的奇数和,然后确定是否和 n^2 相等的方法很多,在这里我们利用图形来解答。

首先假设一个由 n^2 个格子所组成的正方形,图 123 就是 $n=6$ 时的情形。如图所示,在格子上画斜线,将正方形以颜色的差别区分为几部分,然后从左上角开始数被斜线所区分的格子数。第一部分(斜线部分)的格子只有 1 个;第二部分(空白部分)的格子有 3 个;第三部分的格子有 5 个。以此类推,格子数渐渐增加,直至最后的第 n 部分,格子数为 $2n-1$ 个。所以正方形全体的格子数为:

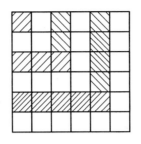

图 123

$1+3+5+7+\cdots+(2n-1)$

这表示我们要证明的等式已经成立。

如图所示,还可解答更多的这类问题。

数学漫画 28

问:

这是一张正方形的纸。能用剪刀一次剪出 4 个正方形吗?

纸可以折。

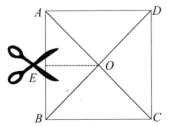

答:能。做法如下:

①沿对角线 *BD* 对折,使 *A*、*C* 两点重合。

②再沿对角线 *AC* 对折,使 *B*、*D* 两点重合。

③沿 *EO* 剪开即成。

四、渡河与旅行

42. 由图 124 就能看出问题该如何解答了。

能够做出这样的桥,可从不等式:$2\sqrt{2}<3$ 的数学定理来证明。

另外,在水沟的部分画上将宽度平分为 3 等份的虚线同样也能够证明。

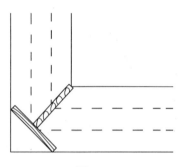

图 124

43. 首先,两个少年先划到对岸去,其中一人留在岸上,另一人划船回到士兵那里,然后下船让一个士兵划到对岸。士兵上岸之后,原本留在对岸的少年划船回到士兵那里,然后载他的朋友到对岸。他下船之后,自己再划船回到士兵那里,接着第二个士兵划船到对岸……如此反复下去,船每来回两趟就可送一名士兵到对岸,直到士兵全部到对岸为止。

44. 农夫必须先带羊过河,然后折回来带狼过河,顺便再把羊载回来,让羊留在岸上并载高丽菜到对岸去,接着农夫独自返回把羊送到对岸。

45. 这是一个既古老又有趣的问题。假设以 A、B、C 来代表骑士,a、b、c 代表随从,那么现在的情况如下:

此岸	对岸
ABC	・・・
abc	・・・

①两个随从先到对岸去。

$$ABC \quad | \cdot \cdot \cdot$$
$$\cdot \cdot c \quad | a \; b \; \cdot$$

②其中一个随从回来,载剩下的一名随从到对岸。

$$ABC \quad | \cdot \cdot \cdot$$
$$\cdot \cdot \cdot \quad | a \; b \; c$$

③一名随从划船回来和自己的主人留在岸上,让其他两名骑士划船到对岸和自己的随从会合。

$$\cdot \cdot C \quad | AB \cdot$$
$$\cdot \cdot c \quad | ab \cdot$$

④其中一名骑士载自己的随从回来,把随从留在岸上,和剩下的那名骑士划到对岸。

$$\cdot \cdot \cdot \quad | ABC$$
$$\cdot bc \quad | a \cdot \cdot$$

⑤随从划船回来载一名随从过河。

$$\cdot \cdot \cdot \quad | ABC$$
$$\cdot \cdot c \quad | ab \cdot$$

⑥然后骑士再划船回来载自己的随从到对岸去。

$$\cdot \cdot \cdot \quad | ABC$$
$$\cdot \cdot \cdot \quad | abc$$

46. 各带 1 名随从的 4 位骑士,在问题条件的限制下,根本无法过河到对岸去。

为了证明这点,假设全部都能过河。我们将船的来回设定号码,假设奇数的号码表示船在对岸,偶数代表船已经回到此岸。现在假定对岸有 3 个以上的骑士,奇数号码最小的以 $2k-1$ 来表示。由于每次船只能载 2 人,所以在这之前,从此岸到对岸要做 $2k-1$ 次的渡河时,对岸必须有一名骑士留在那里。如上述 $2k-1$ 为最小的号码,在 $2k-1$ 次的渡河时,对岸的骑士不是一位就是两位。

假设是一位的话,留在此岸的骑士以 A、B、C 来表示,对岸的骑士以 D 表示,4 名随从各以 a、b、c、d 来表示,那么按照问题的条件,骑士与随从要进行 $2k-1$ 次渡河的组合只有一种,如下:

此岸	对岸
ABC	D
abc	d

那么,要进行 $2k$ 次的过河时,由谁来坐船呢? 如果 D 坐船的话,$2k+1$ 次的渡河时,对岸骑士就只有 2 人以下,这与假设不合。因此在进行 $2k$ 次的渡河时,只有随从 d 能坐船才行,可是这么一来,回到此岸的 d 就必须离开自己的主人和别的骑士在一起,又违反了问题的规则,所以第一种情形不可能。

接下来我们再设另一种情形,就是当 $2k-1$ 次过河时,留在此岸的骑士有 A 和 B,对岸的骑士有 C 和 D,如下:

此岸	对岸
AB	CD
ab	cd

在这种情形下,要进行 $2k$ 次的渡河时,由谁来坐船呢? 如果是 C 或 D 的话,在由此岸 2 名骑士进行 $2k+1$ 次的渡河时,随从 a、b 其中一人必须离开自己的主人而陷入不安的状态。或者,在 $2k$ 次的渡河时,如果由 c 或 d 离开主人坐船回到此岸,就会遇到 A,B 两名骑士,与问题条件不合。因此,这种假设的情形也无法成立。

于是我们发现,如果要遵守问题的条件,就不可能有 3 名以上的骑士过河到对岸去。

数学漫画 29

可利用火柴棒实际做做看。

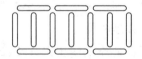

问:

　　这儿有六个大小相同的羊栅,是由 13 根木头所围成的,但其中 1 根被偷走了。现在想用剩下的 12 根木头重新做成六个面积相等的羊栅,请问该怎么做?

答:如右图。

★ 像这般高明又独特的解法,是狄洛尼的特征。

47. 四名骑士以 A、B、C、D 来表示,随从以 a、b、c、d 表示。

此岸	对岸
$ABCD$	・・・・
$abcd$	・・・・

①先让随从 b、c、d 过河。

$ABCD$	・・・・
a・・・	・bcd

②随从 b 回到此岸,骑士 C、D 划船到对岸。

AB・・	・・CD
ab・・	・・cd

③骑士 C 和随从 c 坐船回来,然后骑士 A、B、C 过河到对岸去。

・・・・	$ABCD$
abc・	・・・d

④随从 d 回来载 b、c 过河。

・・・・	$ABCD$
a・・・	・bcd

⑤一名随从回来载 a 过河。

・・・・	$ABCD$
・・・・	$abcd$

48. 与上述问题的假设相同。

此岸	岛	对岸
ABCD		· · · ·
abcd		· · · ·

①骑士 *D* 载自己的随从到岛上去,然后自己划船回来。

ABCD		· · · ·
abc ·	*d*	· · · ·

②骑士 *C* 将自己的随从载到对岸,然后自己回来。

ABCD		· · · ·
ab · ·	*d*	· · *c* ·

③骑士 *C* 载骑士 *D* 到岛上,然后自己到对岸载随从 *c* 折回此岸。

ABC ·	*D*	· · · ·
abc ·	*d*	· · · ·

④骑士 *A*、*B*、*C* 和随从们不到岛上,而直接过河到对岸。(请参照问题 45 的解答)

ABC ·	*D*	· · · ·
abc ·	*d*	· · · ·

⑤骑士 *A* 载自己的随从到岛上,让随从留在那里,然后载骑士 *D* 到对岸。

· · · ·		*ABCD*
· · · ·	*ad*	· *bc* ·

⑥随从 *c* 先把 *a* 载到对岸,再折回去载 *d* 过河。

· · · ·		*ABCD*
· · · ·		*abcd*

49. 在火车站附近,铁路如图 125。

首先,火车 *B* 沿着本轨前进,直到全部车厢都越过了避让线的入口。接着火车 *B* 开始退入避让线,把避让线所能容纳的车厢留下,其他部分和火车头一并前进,离开避让线的入口之后,再继续前进。这时火车 *A* 快到车站了,当 *A* 的车厢全部通过避让线的入口时,立刻停车,把最后一个车厢同火车 *B* 留在避让线里的车厢连接之后,再从避让线里拖出来,然后火车

A 开始后退，一直退到正轨与避让线的交叉口之后，再和火车 B 的车厢分开。此时，火车 B 退入避让线，让火车 A 先行通过，然后火车 B 的车头和部分车厢从避让线出来，连接停在正轨的车厢，跟在火车 A 的后面出发。

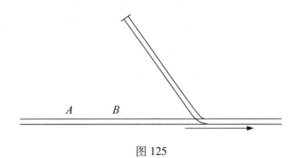

图 125

50. 船的位置和河道、河湾的情况如图 126。

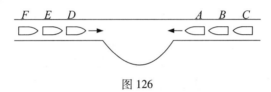

图 126

首先，B 与 C 往后退（向右），A 进入河湾，然后 D、E、F 沿着河道前进，与 A 擦身而过之后，A 从河湾出来，继续前进（向左）。接下来，D、E、F 再回到原先的位置，让 B 如 A 那般通过，再让 C 也按照同样的方式擦身而过，然后双方继续航行。

数学漫画 30

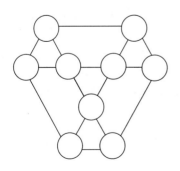

问：

爱因斯坦博士是个喜爱猜谜的人，有天他提出了下面这样的问题：图中 9 个〇是 4 个小等边三角形和 3 个大等边三角形的顶点，在 9 个〇中填入 1 至 9 的数字，使 7 个三角形各自顶点的和都相等。

同样的数字不能使用两次。

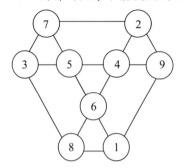

答：如左图。

五、分配的问题

51. 将 5 个饼干中的 3 个分别分成 2 等份，就可获得 6 块大小相等的饼干。先给孩子们每人 1 块，接着再把剩下来的 2 个饼干分别分成 3 等份，又得到 6 块大小相同的饼干，再各分 1 块给孩子们，问题就解决了，并且没有任何饼干分成 6 等份。

52. 尼基塔和帕威尔的说法都不正确，11 个馒头分成 3 等份，意味着每人吃 $\frac{11}{3}$ 个。帕威尔带 7 个馒头来，自己吃了 $\frac{11}{3}$ 个，所以他分给猎人 $7-\frac{11}{3}=\frac{10}{3}$（个）。至于尼基塔，他带了 4 个馒头，自己吃掉 $\frac{11}{3}$，把剩余的 $\frac{1}{3}$ 给猎人。

猎人总共吃了 $\frac{11}{3}$ 个馒头，同时他也付了 11 戈比。这意味着：他每吃 $\frac{1}{3}$ 个馒头，就付出 1 戈比。其中 $\frac{10}{3}$ 是从帕威尔那里得来的，只有 $\frac{1}{3}$ 才是尼基塔给他的。因此，帕威尔应得 10 戈比，尼基塔应得 1 戈比才对。

53. 伊凡建议采用如下的方式来分麦：

"首先，我用目测法把麦分成 3 堆，以我的立场来说，每堆麦都一样多，所以请彼得选出他觉得最小的 1 堆。如果尼克莱也认为那一堆麦少于 $\frac{1}{3}$，那么，那一堆就归我，剩余的 2 堆你们可用以前的方法来分配。另一方面,假如尼克莱觉得某一堆麦大于 $\frac{1}{3}$ 的话,就把那一堆麦给尼克莱,然后彼得从剩下的 2 堆中挑出他认为较大的那堆,剩下最后一堆就是我的。"

农夫们都同意以这种方式来分麦。最后,大家都很满足地扛着自己的麦回了家。

54. 所有木桶(包括装满葡萄酒、装了一半葡萄酒以及空桶三种)的规格大小相同,所以,3 个人平均各获得 7 个木桶。现在,我们来计算每个人平均要获得多少葡萄酒。

装满葡萄酒的木桶有 7 个,同时,没装一滴葡萄酒的空桶也有 7 个,如果将那 7 个满桶中的葡萄酒分一半给另外 7 个空桶,那么,这 14 个木桶里就都装有一半的葡萄酒,加上原先就有装了一半葡萄酒的 7 个木桶,总共有 21 个半桶的葡萄酒,每人可分得 7 个半桶的葡萄酒。由此可知,在不移动桶内葡萄酒的情况下,3 人平均获得等数的木桶与等量的葡萄酒的方式为:

	全满	半满	空桶
第一个人	2	3	2
第二个人	2	3	2
第三个人	3	1	3

也可分为另一种情形:

	全满	半满	空桶
第一个人	3	1	3
第二个人	3	1	3
第三个人	1	5	1

55. 问题的答案有两种,但这两种都是反复将 8 斗木桶中满满的葡萄酒倒进空桶内,然后再倒出来,以此尽量把酒分为 4 斗。

答案如下列两个图表所示,其中的数字表示每倒一次,各木桶中葡萄酒的变化情形。

答1

	8斗	5斗	3斗
在还没倒之前	8	0	0
倒第一次以后	3	5	0
倒第二次以后	3	2	3
倒第三次以后	6	2	0
倒第四次以后	6	0	2
倒第五次以后	1	5	2
倒第六次以后	1	4	3
倒第七次以后	4	4	0

答2

在还没倒之前	8	0	0
倒第一次以后	5	0	3
倒第二次以后	5	3	0
倒第三次以后	2	3	3
倒第四次以后	2	5	1
倒第五次以后	7	0	1
倒第六次以后	7	1	0
倒第七次以后	4	1	3
倒第八次以后	4	4	0

56.

答1

16斗	11斗	6斗
16	0	0
10	0	6
0	10	6
6	10	0
6	4	6
12	4	0
12	0	4
1	11	4
1	9	6
7	9	0
7	3	6
13	3	0
13	0	3
2	11	3
2	8	6
8	8	0

答2

16斗	11斗	6斗
16	0	0
10	0	6
10	6	0
4	6	6
4	11	1
15	0	1
15	1	0
9	1	6
9	7	0
3	7	6
3	11	2
14	0	2
14	2	0
8	2	6
8	8	0

数学漫画 31

问:

　　著名的大众情人唐璜一向最讨厌数字。他说:"看到数这个字,就知道一点也没用!"说着,还用手指点点"数"这个字。请问,他是什么意思?

答:将"数"这个字分解:

数等于米加女加文。

米是八十八。唐璜的意思是:

"写情书(文)给八十八岁的老女人,当然一点也没用!"

57.	答1			答2		
6斗	3斗	7斗	6斗	3斗	7斗
4	0	6	4	0	6
1	3	6	4	3	3
1	2	7	6	1	3
6	2	2	2	1	7
5	3	2	2	3	5
5	0	5	5	0	5

分配问题的一般解答方法。

类似这样的问题,我们能轻易地举出一大堆例子,但是光靠答案来说明解答的办法,并不能使读者清楚地了解为何要使用某种规则的原因。现在为了找出其中的规则,我们以不同的角度来研究问题——以图形来解决问题。

为使各位更清楚地了解自己的想法,让我们先看看问题57。倒了几次之后,将装在第一个木桶和第二个木桶内的葡萄酒分别以 x 和 y 来表示,同时,无论如何转移,葡萄酒的总量始终保持不变,也就是 4+6=10(斗)。

因此,我们可以假设第三个木桶内的葡萄酒为:$10-x-y$(斗)。

而且各桶内的葡萄酒量绝不可能大于该桶的容量,根据这项条件我们可以列出如下的不等式:

$$\begin{cases} 0 \leqslant x \leqslant 6 \\ 0 \leqslant y \leqslant 3 \\ 0 \leqslant 10-x-y \leqslant 7 \end{cases} \qquad 也就是 \begin{cases} 0 \leqslant x \leqslant 6 \\ 0 \leqslant y \leqslant 3 \\ 3 \leqslant x+y \leqslant 10 \end{cases}$$

为了方便作图起见,利用方格纸先在纸上画出固定的一点(原点 O),再画通过这点的两条垂直相交的直线,一条称为 x 轴,另一条称为 y 轴。接着在 xOy 坐标上面做出能够对应上述不等式组的点和线,将这些直线区域的交集部分画上斜线,此斜线部分就代表该不等式组的所有点的集合。如图127所示,四角形 $PQRS$ 的内部及周边就是上述不等式组的点的集合。其中点 $A(x=4,y=0)$ 表示葡萄酒最初的分配情况,至于能够符合问题所要求的分配情形,很明显就是点 $B(x=5,y=0)$,这时第三个木桶内有5斗的葡萄酒。

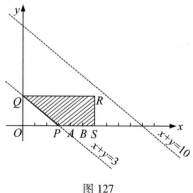

图127

从 A 至 B 一连串的倒移过程，在图中以点来表示，依次将每两点连接起来就形成折线，这折线就代表由点 A 开始到点 B 结束的整个过程。

现在说明这条折线的顶点以及每边所需的充分条件。

每次倒移葡萄酒时，必须使其中一个木桶装满葡萄酒，或另一桶变空才能停止。换句话说，每次倒完之后，至少会有一个空桶或装满葡萄酒的木桶。那么，在四角形 $PQRS$ 当中，符合这种条件的点在哪里？当第一桶装满时（$x=6$），该点在线段 RS 上面；当这桶空的时候（$x=0$），第二个木桶和第三个木桶必须装满才行（$3+7=10$），能够符合这个条件的点只有一个，也就是点 Q。同样的道理，当第 2 个木桶变空时（$y=0$），对应点就被分配到直线 PS 上；如果这桶装满葡萄酒的话，点就落在线段 QR 上面。最后，由于第一个木桶和第二个木桶的容量合起来不到 10 斗，所以第三个木桶绝对不会变空。反过来说，当第三个木桶盛满葡萄酒时，第一个木桶和第二个木桶内只装了 $10-7=3$（斗）的葡萄酒（$x+y=3$），这时点位于线段 PQ 上面。反正无论如何，点都位于四角形 $PQRS$ 的周边上。由此可知，问题的折线顶点必然位于四角形 $PQRS$ 的四边上。

其次，不知各位读者是否留意到，每次倒移葡萄酒时，都有一个木桶的葡萄酒不会改变，因为每次倒移时只用到其中两个木桶。现在，假设第一个木桶内的葡萄酒不变（x 固定时），将倒移前后的对应点连接成一直线，可发现该线与 y 轴平行（此时，线段每一点的 x 坐标都相同）；如果倒移时第二个木桶的葡萄酒不变，那么，其所对应的折线部分必然和 x 轴平行（y 坐标固定）。当倒移葡萄酒和第三桶无关时，第一桶和第二桶内葡萄酒的总量保持不变，换句话说，线段两端的 $x+y$ 等值，所对应的折线部分和线段 PQ 平行。总之，折线的各边都与 x 轴、y 轴或两轴的角平分线互相垂直。

为了使读者更清楚地了解，假设折线的边与四角形 $PQRS$ 的周边 PQ 重合，这么做有什么意义呢？由于此边与 x 轴、y 轴形成一个等腰三角形，因此，倒移葡萄酒时和第三个木桶无关。不仅如此，当第三个桶盛满葡萄酒时，第一桶和第二桶总共有 $x+y=3$（斗）的葡萄酒。在这种情况下倒移葡萄酒，不是第一桶变空（$x=0$，点 Q），就是第二桶变空（$y=0$，点 P），而且四角形 $PQRS$ 的各边都有同样的情形。由以上的叙述我们可以发现，当折线的任何部分与四角形 $PQRS$ 重合时，其终点会和 P，Q，R 或

S 中其一点一致(重合)。

于是,我们可依靠图形将问题分析如下:折线的所有顶点都位于四角形的边上,因此各部分都与 x 轴或 y 轴平行,或者和两轴形成等角。如果折线的边和四角形的边重合时,其终点就必须和四角形的顶点之一重合。

在这种形态下,问题会变得更简单,所要求的折线也更容易找到。(请参照图128、129)

在方格纸上画折线时,注意使每一部分都通过格子点,并且使顶点和格子点重合,就能很轻松地把折线画出来。图 128、129 所表示的折线,分别与答 1 与答 2 对应,有关这点的证明是极为简单的。

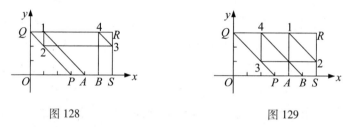

图 128   图 129

至于其他问题,就是由平行四边形(问题 55)、五角形(问题 56)等多边形来担任四角形的角色,有时甚至会出现六角形。不过,这种类型的问题,图形以六边为最大的极限,此时问题的做法如前述,只不过多边形与点 A、点 B 的位置会稍作改变。

以作图的方式来解决问题,会使你的概念更清楚。不过,作图时所花费的时间较多,并且需要使用纸和笔,所以我们现在只依靠作图的想法,实际上并不作图,而将解决问题所需要的步骤很快地重复一遍。

多角形的顶点和两个木桶同时到达极限的状态(这时,两个木桶不是全空,就是全都盛满葡萄酒,当然也可能是一桶为空,另一桶装满的情形)时,葡萄酒的分配方式如下:

Ⅰ:首先,葡萄酒的转移至少会使两个木桶到达极限的状态。

以图形来看,意味着从点 A 开始画,直到多角形的一个顶点才结束的线。

Ⅱ:在各个阶段里,把上回倒移时不受影响的木桶里的葡萄酒倒进另一个桶内,并且在当时达到极限状态的一个木桶内葡萄酒量不变的情况下,绕一圈多角形的各顶点看看。

从图形可知,应用规则Ⅱ的方式,意味着反复从多角形一个顶点同邻接的顶点移动。可是顶点只有 6 个,所以当规则Ⅱ反复 6 次之后,又回到第一次通过的顶点,这表示又回复到从前所分配的方式。

反过来说,如果应用规则Ⅰ没有到达点 B,加上点 B 不是多角形的顶点时,即使根据规则Ⅱ也无法抵达点 B,此刻必须应用下列的方式。

Ⅲ:不论从点 A 或多角形的任何顶点出发,重复以前的分配方式,在继续倒移当中,会到达点 B 的分配方式。这时各位会发现,在倒移葡萄酒时,达到极限状态的木桶和不受前一次倒移影响的木桶都必须参与才行。

按照图形来看,如果这么做可行的话,必然会发现只有一种方法。(可是,由点 A 出发时,偶尔会如前面所叙述的一般,分成两种折线)如果使用规则Ⅲ仍无法做到 B 的分配方式时,表示无论葡萄酒如何倒移,均不可能使葡萄酒从条件 A 的状态演变成 B 的状态。换言之,假如连规则Ⅲ都无法满足问题的要求,即代表此题无解。

数学漫画 32

问:

玛莉过生日。

"恭喜你,玛莉!你今年几岁?"

玛莉的回答非常奇妙:

"坐下来比站起来年轻 3 岁,倒立则比站立大 3 岁。"

玛莉到底几岁?

答:6 岁。

　　坐下来是一半,也就是 3,所以年轻 3 岁;6 的倒立是 9,因此大 3 岁。

六、童话故事

　　59. 当农夫第三次过桥之后,就把身上的钱通通给了恶魔,这表示那时农夫身上刚好有 24 戈比。留意这点并把问题由后向前推理,就很容易得到问题的答案了。

　　事实上,最后一次过桥之后,农夫身上刚好有 24 戈比。由此可见,在第三次过桥前,他只有 12 戈比,但这 12 戈比是他付给恶魔 24 戈比之后所剩下来的,因此原本应该有 36 戈比。那么,在第二次过桥前,农夫身上的钱应该是 18 戈比,而这 18 戈比也是他在第一次过桥后付给恶魔 24 戈比所剩余的,所以原来应有 18+24＝42(戈比)。于是我们可以知道,农夫在第一次过桥前身上有 21 戈比。

　　这表示农夫在与恶魔的交易当中损失了 21 戈比。从这故事里我们得到一个启示:对于他人的建议,不可盲目地接受,而应以自己的智慧来判断才行。

　　60. 第三个农夫为同伴们各留 4 个马铃薯,总共剩余 8 个马铃薯,可见他自己也吃了 4 个。那么原来锅里剩下 12 个,这表示第二个农夫自己吃了 6 个,然后各余 6 个给他的同伴。由此可知,锅里原来剩下 18 个马铃薯,第一个农夫吃了 9 个之后,剩下 18 个给另外两名同伴。

　　于是我们知道,原来锅子里的马铃薯有 27 个,每人平均可吃 9 个。现在,第一个农夫已吃掉 9 个,第二个农夫和第三个农夫先后各吃了 6 个与 4 个。因此,剩下来的 8 个马铃薯应分 3 个给第二个农夫,剩下的 5

个全归第三个农夫所有。

61. 这是一个很古老的问题,应该有许多读者觉得很熟悉才对。

按照第一个牧童伊凡的说法,他的羊比彼得的多了多少呢?

假设现在伊凡把 1 只羊送给第三者,那么他和彼得的羊的数目会相等吗? 事实上,那只羊要给彼得,两人的羊数才会刚好一样。所以现在即使伊凡给别人 1 只羊,他的羊仍然比彼得多,但是多多少呢? 我们都知道,如果伊凡把那只羊给彼得的话,两人的羊数会刚好相等。因此很明显,如果伊凡给别人 1 只羊,两人的羊的数目差距为 1;如果伊凡没有把羊给任何人的话,他的羊会比彼得的多 2 只。

接着,我们以彼得的立场来看。他的羊比伊凡的羊少 2 只,如果彼得分 1 只羊给第三者,那么伊凡就比彼得多 3 只羊了。此刻假如把那只羊给伊凡的话,伊凡的羊就比彼得多 4 只。

根据问题的提示,这时伊凡的羊刚好是彼得的 2 倍。所以,如果彼得送 1 只羊给伊凡的话,他自己就剩下 4 只羊。另一方面,伊凡的羊变成 8 只,于是我们可以推算出现在伊凡有 7 只羊、彼得有 5 只羊。

62. 农妇将她们所带来的苹果混在一起出售时,已经不知不觉地改变了售价。了解这点之后,问题就很容易解决了。

现在我们来看后面那两位农妇的实际情形。

当第一位农妇和第二位农妇要出售自己的苹果时,第一位农妇打算每个苹果卖 $\frac{1}{2}$ 戈比,第二位农妇则计划每个苹果卖 $\frac{2}{3}$ 戈比。可是当两人把苹果混在一起卖的时候,每 5 个售价 3 戈比,也就是每个苹果卖 $\frac{3}{5}$ 戈比。

换句话说,第一位农妇并没有按照她原先的打算——每个苹果卖 $\frac{1}{2}$ 戈比,而是以 $\frac{3}{5}$ 戈比的价格出售。

在每个多赚 $\frac{1}{10}$ 戈比的情况下,第一位农妇在卖完 30 个苹果之后一共多赚了 3 戈比。

167

　　但是，第二位农妇的情形刚好相反。当她和第一位农妇联合出售时，她每卖出 1 个苹果就损失 $\frac{2}{3}-\frac{3}{5}=\frac{1}{15}$（戈比），30 个苹果全部卖出之后，总共损失 2 戈比。

　　最后，第一位农妇多赚 3 戈比，第二位农妇损失 2 戈比，合起来仍然多赚 1 戈比。以这道理来看前面两位农妇的情况，就很容易找出"为什么会多赚 1 戈比"的原因。

　　63. 农夫们并没有算出真正的分数。实际上，把农夫们所分得的比例加起来：$\frac{1}{3}+\frac{1}{4}+\frac{1}{5}+\frac{1}{6}=\frac{57}{60}$，因此他们所分得的总金额少于捡到的金额（因为他们所捡到的金额为 $\frac{60}{60}$）。现在把农夫们所捡到的钱和骑士本身的钱合起来除以 60，然后把其中 $\frac{57}{60}$ 分给农夫们，$\frac{3}{60}$ 也就是 $\frac{1}{20}$ 留给骑士。

我们知道钱包里的 3 卢布归骑士所有，换言之，3 卢布相当于 $\frac{1}{20}$，由此可求出总额 $3×20=60$（卢布）。其中卡普获得 $\frac{1}{4}$，也就是 15 卢布，但如果骑士没加上自己的钱，卡普所获得的钱就会比原先少 25 戈比，变成：

15 卢布−25 戈比＝14 卢布 75 戈比。

　　此即为农夫们所捡到总金额的 $\frac{1}{4}$，由这点我们可以推算农夫们所捡到的钱包里总共有：14 卢布 75 戈比×4＝59 卢布。

　　把这笔钱和骑士所加上的金额合计，总数为 60 卢布。可见骑士所加的金额为 1 卢布，他付出 1 卢布，然后再赚进 3 卢布。很明显，他在为农夫们分钱的时候，自己也获得 2 卢布的利益。

　　至于在这钱包里有多少种面值的钞票？

　　由推算可知，钱包里有 10 卢布的钞票 5 张，以及 5 卢布、3 卢布和 1 卢布的钞票各 2 张。骑士分给席多 2 张 10 卢布的钞票，也就是 20 卢布；分给卡普 15 卢布，其中 10 卢布与 5 卢布的钞票各 1 张；第三个农夫帕风获得 12 卢布，由 1 张 10 卢布的钞票与 2 张 1 卢布（其中 1 张原本为骑士所有）的钞票所组成；最后一名农夫波卡从骑士那里分到 10 卢布的钞票

1 张。把钱平均分给四名农夫之后,骑士将剩下的 3 卢布的钞票连同钱包一起据为己有,然后扬长而去。

64. 这位长老实在聪明极了。首先他把自己的骆驼暂时加进骆驼群里,使骆驼变成 18 头。

这样就能按老人的遗言:

给老大　$18 \times \frac{1}{2} = 9$(头)

给老二　$18 \times \frac{1}{3} = 6$(头)

给老幺　$18 \times \frac{1}{9} = 2$(头)

然后长老又骑着自己的那只骆驼回家了。

因为 $9+6+2+1 = 18$(头)

这问题的关键和前题相似。按老人的遗言,每个儿子所分配的骆驼比例合起来比 1 还小,只有:

$$\frac{1}{2} + \frac{1}{3} + \frac{1}{9} = \frac{17}{18} 而已。$$

数学漫画 33

问:

多多和冬冬是一对双胞胎。

"双胞胎,你们几岁啊?"

她们异口同声地回答:"我们之间割开时是 0 岁,有时会变成 3 岁或 4 岁。"她们二人到底几岁?

答:8 岁。

8 横切成两个 0,纵切是两个 3,分开成两半,各是 4。

65. 当桶内的水刚好是一半的时候,只需把桶倾斜,使水刚好到达桶口的边缘,这时水面必须和桶底的最高点等高。(如图 130a)因为桶的上下圆周所相对的点的连线,刚好把木桶分成两半,如果水不及半桶,那么,桶底的一部分就会露出水面。(如图 130b)反过来说,假如桶内的水超过一半,那么水面就会高于桶的底部。(如图 130c)

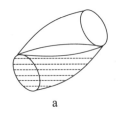
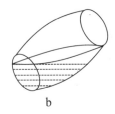
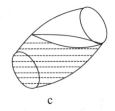

a   b   c

图 130

根据这种想法,该名男子很轻松地完成了农夫所交代的工作。

66. 按照图 131、132 的排法即可。

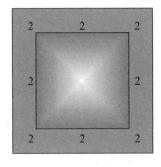
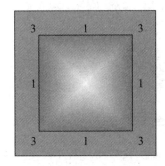

图 131   图 132

67. 仆人先从酒柜的四边中央各偷一瓶酒，然后为了使主人不起疑心，他从四边中央各移动 1 瓶酒到角落那格，让每列的酒算起来仍然是 21 瓶。如此反复偷了四次，一共偷了 16 瓶酒都没被糊涂的主人发现。（他的方法如图 133 所示）

第一次		
7	7	7
7		7
7	7	7

第二次		
8	5	8
5		5
8	5	8

第三次		
9	3	9
3		3
9	3	9

第四次		
10	1	10
1		1
10	1	10

图 133

除此之外，仆人还有其他排放酒瓶的方式。但无论如何，正方形的第一列与第三列都必须维持 21 瓶，所以：

$$60 - 2 \times 21 = 18（瓶）$$

而且，酒柜的第二列还有 2 格必须摆酒，因此仆人顶多只能偷走 16 瓶酒，否则就会事迹败露。

68. 首先，当地窖里的囚犯剩余 21 人时，在每面墙限制为 9 人的条件下，伊凡王子配置士兵和他本身的方法很多，如图 134 便是一例。

后来，需要配置 27 人的情形，图 135 便是一例。

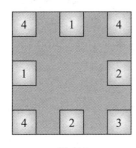

图 134

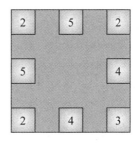

图 135

69. 第三个孙子找到和爷爷所给的同数蘑菇，才和其他兄弟的蘑菇数量相同，因此我们很容易便能猜出，爷爷给第三个孙子的蘑菇数量最少。现在我们假设，爷爷给第三个孙子 1 个蘑菇。

那么，爷爷给了第四个孙子几个蘑菇呢？

第三个孙子第二次找到的蘑菇数量和爷爷所给的相同，所以回家时他有 2 个蘑菇;第四个孙子和第三个孙子一样,回家时篮子里也有 2 个蘑菇,但是他在途中不小心掉了一半的蘑菇,于是可推算出原来爷爷给他了 4 个蘑菇。

第一个孙子也带 2 个蘑菇回家,但其中 2 个是他自己后来找到的,可见爷爷原来给他(2 个-2 个)蘑菇;此外,第二个孙子在途中丢了 2 个蘑菇,回家时发现蘑菇总共有 2 个,由此可知,爷爷当初给他了(2 个+2 个)蘑菇。

总而言之,爷爷给孙子们的蘑菇分别是(2 个-2 个)、(2 个+2 个)、1 个、4 个,总计 9 个(其中两个少 2 个和多 2 个刚好互相抵消)。这 9 个总共代表 45 个蘑菇,于是我们知道每个孙子有蘑菇:

45÷9=5(个)

爷爷给第三个孙子 1 个蘑菇,也就是 5 个,给第四个孙子 4 个,等于:

5×4=20(个)

第一个孙子从爷爷那里得到的蘑菇比 2 个还要少 2 个,也就是:

5×2-2=8(个)

第二个孙子则得到 2 个多 2 个蘑菇,合计为:

5×2+2=12(个)

70. 这个问题需要找出能被 7 整除,同时被 2、3、4、5、6 除余 1 的数。首先能被 2、3、4、5、6 整除的最小数(这些数的最小公倍数)为 60,接着我们要寻找能被 7 整除,并且比 60 的倍数大 1 的数,按照数字的大小顺序去找,便能找到答案。例如,60 除以 7 余 4,与条件不合,2×60 除以 7 余 1。(2×4=8,8-7=1)

换句话说:2×60=7×17+1=(7 的倍数)+1

因此:(7×60-2×60)+1=7×43=(7 的倍数)

相当于:5×60+1=(7 的倍数)

最后可求出问题的答案,最小为

5×60+1=301

由此我们得知,农妇篮内的鸡蛋最少有 301 个。

71. 要解答这个问题,首先必须求出回家所需要的精确时间。彼得拧紧时钟的发条后,就立刻出发到伊凡家里去。在出门之前把时间记牢,假设时间为 a,抵达伊凡家之后立刻询问时间,假设为 b,接着在离开伊凡家之前,再看一次时间,假设为 c,回家之后立刻确认时间为 d。这么一来,$d-a$ 就表示彼得离家的时间,而 $c-b$ 表示彼得待在伊凡家里的时间,两者之间的差 $(d-a)-(c-b)$ 就表示彼得往返的时间。假设来回所花费的时间相等,除以 2 之后:

$$\frac{b+d-a-c}{2}(\text{回家所需的时间})$$

再加上 c,就可知道彼得家里的准确时间为

$$\frac{b+c+d-a}{2}$$

72. 根据问题的条件来看,收入一定在 9997 卢布 28 戈比以下,所以卖出去的布料也必然小于 $9997.28 \div 49.36$,也就是不到 203 匹。

不明的匹数的最后数字乘 6 之后,积的最后数字为 8 的情形,有 3 与 8 两种。

假设不明的匹数的最后数字为 3,那么,3 匹布料价值 14808 戈比,把此数从收入里扣掉,末三位数应该是 920。

如果匹数的最后一个数字为 3,那么,倒数第二个数字不是 2 就是 7,因为乘 6 的时候,积的最后数字为 2 的情形只有这两种。

接下来把不明的匹数的末两位数字假设为 23,然后把 23 匹的价钱从收入里面扣掉,末三位数应该为 200。由此可见,不明匹数的倒数第三个数字不是 2 就是 7,但是由前面的推算得知,不明的匹数最多不会超过 203,所以假设与条件不符。

现在我们假定不明的匹数的末两位数为 73,会发现不明的匹数的倒数第三个数字只有 4 和 9 两种情形,这也和上述的条件互相矛盾。

因此,不明的匹数的最后数字绝不可能为 3,那么,只剩下 8 一种情形。以同样的方式推算出倒数第二个数字有 4 和 9 两种,结果发现后者才是符合问题所要求的答案。

这问题的答案只有一种,就是所卖出的布料匹数为 98 匹,而收入是 4837 卢布 28 戈比。

73. 由老板的方向来看,从左侧第六个士兵开始数即可。至于第二种情形,也是以同样的方向从右侧第五个士兵开始。

74. 由于马车夫只顾着逞口舌之快,没想到自己必须换多少回马,现

在我们来替他算算看吧!

以 1、2、3、4、5 分别代表 5 匹马,而这 5 个数字的排列组合,总共有几种情形呢?

我们知道,2 个数字的排列方式有(1,2)与(2,1)两种,而 1、2、3 这 3 个数字的排列方式,以 1 为首的情形有两种,同时,以其他数字为首的也有同样的情形,于是这 3 个数字的排列方式有 3×2=6(种)。

实际的排列情形如下:

123,213,312

132,231,321

以此类推,那么 4 个数字的排列方式,以 1 为首的情形就有 6 种,所以,把 4 个数字全部改变排列的方式有 4×6 种。(因为固定为首的数有 4 个)

4×6=4×3×2×1=24(种)

同理,把 5 个数字重新排列,分别以 1、2、3、4、5 为首,各有 24 种排列方式,因此,总共有

5×24=5×4×3×2×1=120(种)

由以上的例子可推出,n 个数字(1,2,3,…,n)的排列总数与 1,2,3,…,n,的积相等,一般都以 $n!$ 来表示。

现在我们回到正题,前面已经算出马车夫总共要换 120 回马,每一回至少需要 1 分钟,因此,全部换好至少需要 2 小时,马车夫这下子必输无疑!

75. 假设一位丈夫买 x 件商品,根据问题的条件,他必须付出 x^2 戈比;同时,假设一位妻子买 y 件商品,那么,她必须要付 y^2 戈比,按规定我们可得到如下的方程式:

$x^2-y^2=48$

$\rightarrow(x-y)(x+y)=48$

由问题可知:x,y 皆为正整数,且 $(x-y)$ 或 $(x+y)$ 必须为偶数才能使本式成立,所以

$x+y>x-y$

现在,我们将 48 分解因数,能配合问题条件的情形只有下列 3 种:

$48=2×24$

$\quad=4×12$

$$= 6 \times 8$$

也就是

$$\begin{cases} x-y=2 \\ x+y=24 \end{cases} \qquad \begin{cases} x-y=4 \\ x+y=12 \end{cases} \qquad \begin{cases} x-y=6 \\ x+y=8 \end{cases}$$

求解这 3 个联立方程式,我们可以得到 $x=13, y=11$;$x=8, y=4$;$x=7, y=1$ 三组答案。其中,伊凡比卡狄莉娜多买了 9 件商品,符合 $x-y=9$ 的情形只有一种,可见伊凡买了 13 件商品,卡狄莉娜购买了 4 件;同时,彼得比玛丽亚多买 7 件,这情形也只有一种,就是彼得买了 8 件,而玛丽亚只买了 1 件,由此可知这 3 对夫妻的组合是:

$$\begin{cases} \text{伊凡}(13 \text{件}) \\ \text{安娜}(11 \text{件}) \end{cases} \qquad \begin{cases} \text{彼得}(8 \text{件}) \\ \text{卡狄莉娜}(4 \text{件}) \end{cases} \qquad \begin{cases} \text{亚力克}(7 \text{件}) \\ \text{玛丽亚}(7 \text{件}) \end{cases}$$

数学漫画 34

问:

左图是二重圆,试问,笔不离纸,能一笔画出这样的图形吗?

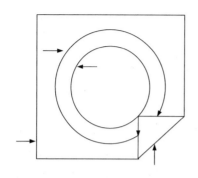

答:可以。首先画出中间的圆,接着将纸的一角如图往上折,再画外面的圆。

七、折纸的问题

76. 将不规则形状的纸片放在桌上,在边沿附近折一条折线。假设折线为 XX′,沿这条直线把多余的部分裁掉,接下来在 XX′ 上确定一点 D,将纸对折使直线 XX′ 完全重合,做成沿直线 DY 的折线。把折纸展开,发现折线 DY 与 XX′ 成直角。XX′ 重叠的话,角 YDX′ 与角 YDX 一定相等。和前面一样,顺沿新的折线,将不必要的部分裁掉。

重复这个方法,可获 BC 与 BA 的边线。反复加以重叠的话,能使 A、B、C、D 的角都相等,而且皆为直角,同时边 BC 与 CD 分别与 AD 与 BA 相等。如此得到的纸片 ABCD(如图 136)的形状为长方形,重合之后会发现长方形的性质:

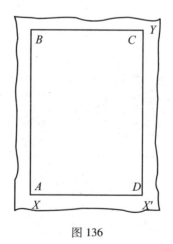

图 136

①四个角都是直角。

②四个边未必相等。

③对边相等。

77. 做好长方形的纸片 $A'BCD'$，斜折短的一边，例如以 BC 如图 137 的方式和长的一边 BA' 重叠。

如此，角 C 会位于 BA' 上面的点 A 位置，连接 AD' 折线，设端点为 D。沿直线 AD 折出 $A'D'DA$ 后，做通过 A 与 D 的折线。将 $A'D'DA$ 的部分裁掉，再把纸张展开，所得到的图形 $ABCD$ 就是一个正方形。这个图形的四角都为直角，而且四边相等。

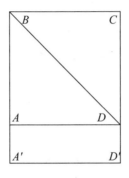

图 137

78. 做好正方形的纸片后，将相对的 2 条边重叠对折（如图 138），就可得到通过另外 2 条边中点，并和其垂直的折线。在正方形的中央线上任意选点，做通过此点以及中央线两侧的正方形顶点的折线。用这种方式可获得以正方形一边为底边的等腰三角形，中央线很明显地将等腰三角形分为 2 个全等的直角三角形，同时也平分等腰三角形的顶角。

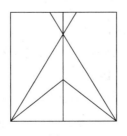

图 138

79. 在正方形的中央线上,做点 B,使点 B 到 AC 的距离等于正方形的边长,然后沿 AB、BC 折纸,就可获得正三角形。（如图 139）

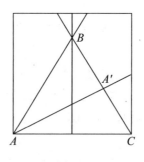

图 139

想要在正方形的中央线上得到所求的点,是非常容易的。只要固定底边 AC 的顶点之一 A,然后折线使点 C 落在中央线上,即可做出点 B（中央线上与点 C 重合的点）,进而做出正三角形。（如图 139）

80. 通过正方形对边的中点对折（如图 140）,那么,就可做出直线 AOB 与 COD。同时,以折线 AO、OB 为边,用和前面同样的方式,可做出正三角形 AOE、AOH、BOF 与 BOG。

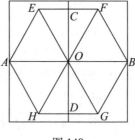

图 140

接下来做折线 EF 与 HG。

各位将发现多角形 $AECFBGDH$ 即为正六角形,连接此六角形上的两点的最大距离,很明显就是 AB。

81. 按照前面的方式折正方形,然后在里面再做一个正方形（如图 141）,接下来再做大正方形与内接正方形之间的角平分线,将其交点设为 E、F、G、H。

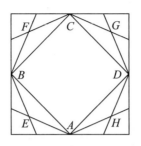

图 141

那么所得到的多角形 *AEBFCGDH* 就是所要求的正八角形。事实上，其中的三角形 *ABE*、*BFC*、*CGD* 与 *DHA* 皆为全等的等腰三角形。因此，所得到八角形的边全部相等。

同时，八角形 *AEBFCGDH* 的各角相等。事实上互相全等的等腰三角形的底角为直角的 $\frac{1}{4}$，其顶角 *E*、*H*、*G*、*F* 为直角的 1.5 倍，而且，八角形的顶点 *A*、*B*、*C*、*D* 处的角显然也是直角的 1.5 倍。由此可知，八角形的角全部相等。

此外，大正方形的边长为八角形上两点之间的最大距离。

84. 这个问题可利用厚纸来解决（最好是没有图案的方格纸），所用的切法与接法，请参照图 142 与图 143，那么马上就能发现由原来 3 个正方形所组成的图形的 4 个部分都全等。

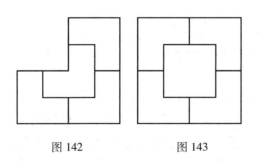

图 142   图 143

数学漫画 35

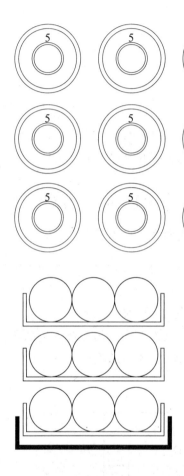

问：

5元硬币有9个，共45元。现想把硬币装进4个盒子内，每一个盒子内装的硬币必须都是奇数个，请问该怎么做？

答：每3个硬币装进一个盒子内，然后将3个盒子全部放入一个大盒子里，就能满足问题的条件。

85. 参考图144与图145，马上就能知道问题的答案。这问题虽然很简单：4×9＝6×6，但还是需以图形来说明。不仅如此，一切类似的问题，也就是将某图形分割，重新组合的情形，都可以应用。各位读者有兴趣的话，不妨自行深入研究。

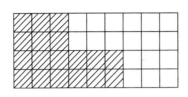

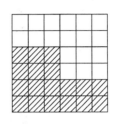

图 144   图 145

86. 请参考图 146,问题的答案就非常明显了。将 A 部分与 B 部分切离,再将锯齿状的 A 部分往右移动一格,插入 B 部分的锯齿状格子之间,就可做成一个完美的长方形,也能做成正方形。

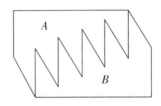

图 146

87. 如图 147 所示,答案十分明显,请自己动手做一做。

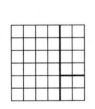

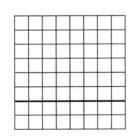

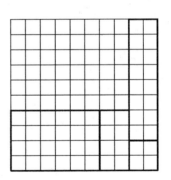

图 147

88. 如图 148 所示。

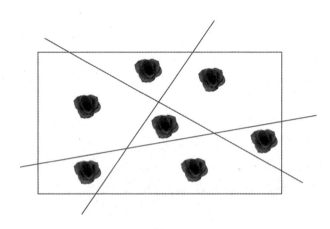

图 148

89. ①将连接正方形各边中点以及对边一个端点的 4 条直线,画成互相垂直或平行的形态;②从正方形各边中点开始画和前面所画的直线平行的直线,一直到与前面所画的直线相交为止;③在这样所画成的长方形上,再画上对角线,就可得到几个全等的直角三角形,同时在中间所形成的小正方形中,也能分割为与这些全等的 4 个直角三角形,合起来便知一个正方形(如图 149 所示)可得到 20 个全等直角三角形。

同时,以这种方式画出的直角三角形,可清楚地看到直角三角形的一边为另一边的 2 倍。

此外,这 20 个直角三角形还可做成 5 个全等的正方形。(如图 150)

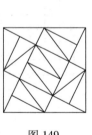

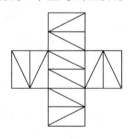

图 149　　　　　　　　　图 150

数学漫画 36

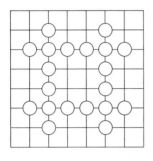

问：

　　棋盘上如图排列的棋子，请沿线将所有的棋子拿掉。注意不能跳越。

　　这是环中仙所创的"捡棋子"谜题。

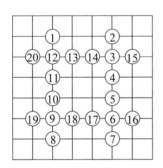

答：如左图。

　　90. 如图 151 与图 152 所示，这个问题的答案有两个，其中后者只需画 2 条直线就可解决问题，可说是既明了又简单的答案。

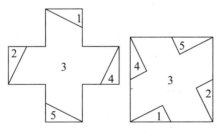

图 151

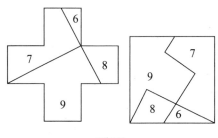

图 152

91. 假定图 153 的 *ABCD* 就是问题所指的正方形,在边 *DC* 上画出相当于正方形对角线一半长度的线段 *DE*,连接 *A* 与 *E*,并在直线 *AE* 上画上垂线 *DF* 与 *BC*。接下来在 *GB* 与 *AE* 上画上与 *DF* 相等的线段 *GH*,*GK*,*FL*,如图 153 所示。画通过 *K*,*L* 与 *H* 与 *DF* 平行或垂直的直线,沿这些直线,就可将正方形切为 7 个部分,把这些部分按如图 154 的方式组合,就可形成 3 个全等的正方形。

现在只需提供给各位相似三角形以及前面问题所证明的毕氏定理,就能得到 $3|DF|^2 = |AB|^2$

有关这等式的数学证明,请各位读者自行做做看。

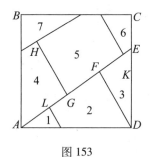

图 153

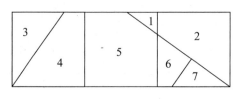

图 154

92. 看图 155 就知道正方形的分法,线段 *DF* 与 *GB* 以及点 *L* 如前面问题那样设定。接下来画上与正方形的边平行的 *GH* 与 *GI*，并取一点 *K*，使 *HK*=*GII*。（图155a）以这个方式可得8个部分，将这些结合起来，可得问题所要求的两个正方形，其中一个如图155（b）所示，另一个为图156中央的图形。

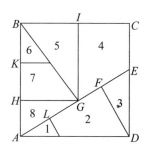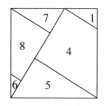

图 155

93. 正方形的分法和前面的完全相同（如图155），不过把分开的部分如图156结合，可得到3个正方形。

可以依照答案的图形，以数学的方法来证明。由于此图相当正确，所以很适合用来探究问题的本质。

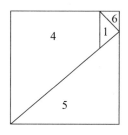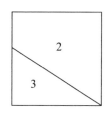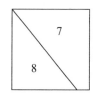

图 156

94. 首先，沿对角线把正六角形2等分，然后重新组合做成平行四边形 *ABFE*。（如图157）以点 *A* 为中心，以 *AE* 与平行四边形之高的几何平均值为半径画圆，与 *BF* 交于点 *G*。接下来由点 *E* 向 *AG* 的延长线画垂线 *EH*，然后从 *EH* 隔着和 *AG* 等距离的长度画平行线 *IK*，于是六角形分为5个部分，组合这些部分可做成正方形。有关这问题更详细的部分，让学过基础平面几何学的读者来尝试吧。

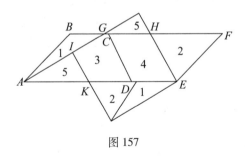

图 157

数学漫画 37

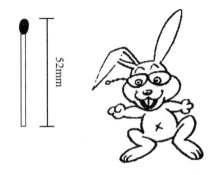

问：

　　不知什么缘故，火柴棒的标准长度被定为 52mm。那么，能使用 5 根火柴棒做成 1 米吗？

答：如左图。

八、图形的魔术

97. 裁切正方形所形成的直角三角形是全等的,这是显而易见的。同样,梯形 C 与 D 也是全等的,梯形的短底边和直角三角形的最短边都是 3cm。因此,将三角形 A 与梯形 C 以及三角形 B 与梯形 D 组合,必能够一致,这其中的秘密在哪里? 看图 158 就能明白: $\tan\angle EHK = \dfrac{8}{3}$, $\tan\angle HGJ = \dfrac{5}{2}$, $\dfrac{8}{3} - \dfrac{5}{2} = \dfrac{1}{6} > 0$,也就是 $\angle EHK > \angle HGJ$。其实 GHE 不是直线而是折线,同样,EFG 也是折线。两者组合所形成的长方形的面积确实为 65cm²。可是这个长方形中间有个面积恰好为 1cm² 的平行四边形缝隙,可以清楚地看见这缝隙的横向最大宽度为: $5 - 3 - 5 \times \dfrac{3}{8} = \dfrac{1}{8}$(cm)。因此,这个狡猾的船匠在修理时把这个小小的缝隙掩盖起来,使人乍看之下以为奇迹出现。

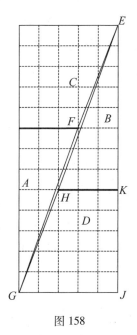

图 158

同样可以利用 A、B、C、D 四部分,组合成不同的图形。(如图 159)

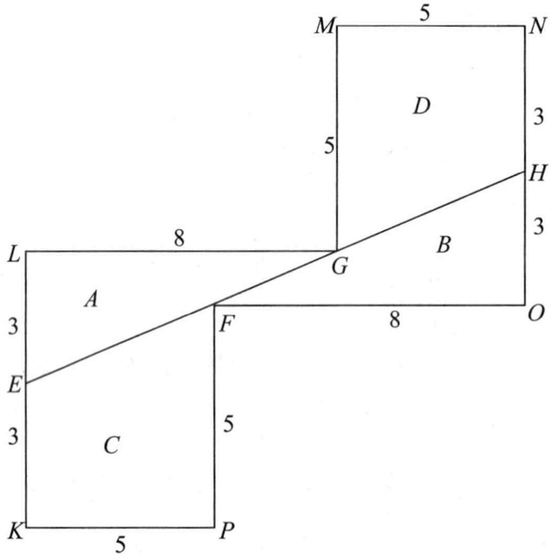

图 159

多角形 KLGMNOFP,看起来好像可以分为两个 5×6(cm²)的小长方形和 3×1(cm²)的小长方形,其面积和为:2×30+3=63(cm²)。可是,原来 A、B、C、D 四部分合起来的面积应该是 64cm² 才对,这魔术的谜底是:点 E、F、G、H 并没有在同一直线上,各位读者必须更详细研究才行。

98. 小直角三角形两直角边不等,就是问题的症结所在。直角的一边为 1cm;另一边很容易就能算出,为 $\frac{8}{7}$cm。因此长方形的长并非 9cm,而是 $8+\frac{8}{7}=9\frac{1}{7}$(cm),其面积为:$7×9\frac{1}{7}=64$(cm²),并没有矛盾。

99. 仔细观察长方形的对角线如何和方格线相交(见 63 页图 52),就能明白 VRXS 不是正方形,依靠计算也可确认这一事实。

由于三角形 PQR 与三角形 TQX 相似,所以 PR:QR=TX:QX,所以

$$PR=\frac{TX\cdot QR}{QX}=\frac{11×1}{13}=\frac{11}{13}$$

因此,长方形 VRXS 的边长,一边为 12cm,另一边为 $11\frac{1}{13}$cm,其面积

为：$12 \times 11\frac{1}{13} = 142\frac{2}{13}$（cm²），且三角形 STU 与三角形 PQR 的面积相等，

皆为：$\frac{1}{2} \times 1 \times \frac{11}{13} = \frac{11}{26}$（cm²）。所以，63 页图 53 的图形面积为 $142\frac{2}{13} + 2 \times \frac{11}{26}$

$= 143$（cm²）。

100. 根据一般常识，答案可能是："当然柑橘周围的缝隙会比地球大，因为地球一周约为 40000km，1m 的长度相较之下显得很微小，所以即使加长 1m，也对整体的影响甚小。可是对于柑橘来说，1m 的长度和其周长比起来是十分惊人的数值，因此加长 1m，所造成的影响甚巨。"

我们现在以计算来确认这项结论是否正确。假设地球的圆周为 Cm，柑橘的圆周为 cm，那么地球的半径 $R = \frac{C}{2\pi}$，柑橘的半径 $r = \frac{c}{2\pi}$。现在将圆周长各增加 1m，地球变成 $C+1$，柑橘变成 $c+1$，半径各成为 $\frac{C+1}{2\pi}$，$\frac{c+1}{2\pi}$，扣掉原来的半径，于是

地球：$\frac{C+1}{2\pi} - \frac{C}{2\pi} = \frac{1}{2\pi}$

柑橘：$\frac{c+1}{2\pi} - \frac{c}{2\pi} = \frac{1}{2\pi}$

结果，无论是地球还是柑橘，所产生的缝隙皆为 $\frac{1}{2\pi}$m，约为 16cm，为何会有"如此惊人"的结果？因为不论任何圆，其圆周与半径的比都是固定的。

数学漫画 38

圆柱底面的直径与球的直径相等，且球内接于圆柱。

问：

不愧是数学大师,如图的阿基米德的墓也与众不同。如将圆柱与球的体积计算出来,就可得到很美的比例。请试以下列公式求出。

$$圆柱体积 = \pi r^2 h$$

$$球体积 = \frac{4}{3}\pi r^3$$

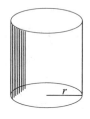
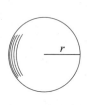

答：由于球内接于圆柱,则 $h=2r$,因此两体积比如下：

$$球 ：圆柱 = \frac{4}{3}\pi r^3 ： 2\pi r^3 = 2 ： 3$$

九、猜数字游戏

101. 当然,这并非"魔术",而是根据正确的数学计算得来的。

要从 5 达到 9,必须数 5,6,7,8,9 才行。因此要从 9 达到 5,也得数 9,8,7,6,5,只是顺序相反而已。如果指 9 说"5",指 8 说"6"的话,那么要达到所设定的数 5,意味着要说出来的数字为"9"。接下来按此方向,将 12 个数通通数一遍,然后再回到 5,因此从所指的数字 9,逆时针方向 9+12,数到 21 时就能得到。

相反,假定所设定的数为 9,指着 5 的时候,从 9 至 5 按照顺时针方向(由小至大依次数下去),9,10,11,12,12+1,12+2,12+3,12+4,12+5 数到 17,所以,由 5 出发的时候,以逆时针方向数到 12+5＝17,就能达到所设定的数 9。

102. 假定朋友的两手各有 n 根火柴棒($n \geq b$),你让他从右手转移 a 根火柴棒至左手($a<b$),那么移动之前本来两手各有 n 根,移动之后,左手变成 $n+a$($n>a$),右手变成 $n-a$,然后再让他将左手去掉与他右手所剩余的数目相等的 $n-a$,于是左手变成 $(n+a)-(n-a)=2a$。最后的情形是,左手有 $2a$ 根火柴棒,右手为空的。

103. 两位数的整数可以 $10a+b$ 来表示,这时 $0<a\leqslant9,0\leqslant b\leqslant9$。问题所要求的差为:$10a+b-(10b+a)=9(a-b)$,可见此数能被 9 除尽。如果将差数设为 $10k+1(k\leqslant9)$,那么,$10k+1=9k+(k+1)$,很明显,$k+1=9$,换句话说,差的十位数可根据你朋友透露的数目以 9 扣掉该数求出。

假定所设的数为 37。

$73-37=36$

当对方告诉你个位数为 6 之后,你算出 $9-6=3$,立刻得到十位数的数字;又假设对方所设的数 $54,54-45=9$,知道个位数为 9 之后,就可算出十位数为 $9-9=0$,从而知道差数为 9。

104. 商等于你所指定的数字两端的差乘 11。例如选定的数为 845,那么

$845-548=297$

$297\div9=33=(8-5)\times11$

要证明这个规则,必须留意三位整数的表示为 $100a+10b+c$ 的形式。a、b、c 各代表百位、十位和个位的数字,且 $0<a\leqslant9,0\leqslant b\leqslant9,0\leqslant c\leqslant9$,之后填入的数字为

$100c+10b+a$

前者减后者,再除以 9 得到

$$\frac{100a+10b+c-(100c+10b+a)}{9}=\frac{9(a-c)}{9}=11(a-c)$$

105. 由前面问题的答案,我们已经知道三位整数与它两端数字互换所形成的新数的差,能够被 99 整除。由此来看问题,两端数字的差为 2 以上,因此两数的差必须为三位整数,假设为

$100k+10l+m(0<k\leqslant9,0\leqslant l\leqslant9,0\leqslant m\leqslant9)$

而此式又可变为

$100k+10l+m=99k+(10l+m+k)$

由于此数被 99 整除,因此 $10l+m+k=99$,将此数的两端互换,变成 $100m+10l+k$,问题最后的和为

$100k+10l+m+100m+10l+k$

$=100(k+m)+20l+(m+k)$

= 100×9+20×9+9

=1089

106. 假定所设的数为 n，现在对 n 进行如下的计算：

$n×2+5=2n+5$

$(2n+5)×5=10n+25$

$(10n+25)+10=10n+35$

$(10n+35)×10=100n+350$

$(10n+250)-350=100n$

$100n÷100=n$

最后必然会得到原来所设的数 n。

看过这解答之后，相信各位读者会发现这问题的应用范围极广。例如要使最后的计算结果成为所设的数的 100 倍，在途中乘 2 与 5，以及 10 即可。但所减的数不是 350，而要改为其他数时，必须留意上面问题为何使用 350 的理由。因为此数是加 5 之后乘 5，等于 25，再加上 10，等于 35，最后又乘 10，变成 350 所得来的。因此，如果从最后的结果减去其他数而非 350 的话，必然也要随之改变加数 5 和 10。例如以 4 来代替 5，以 12 代替 10，显而易见，如果把最后的计算结果所要减去的数设为 320（4×5=20，20+12=32，32×10=320），所剩余的数会变成原先假设之数的 100 倍，以这方式可将问题变化应用。

同理，将所设的数乘 2，乘 5，再乘 10，很容易知道实际上所乘的数为 100（2×5×10=100）。

所以最后的计算结果就是所设的数的 100 倍，不论以何数为乘数，把其积乘 100 即可，故乘数维持 2，5，10 的状态，即使改变顺序，先乘 5，乘 10，最后乘 2 也无妨。

同样，以其他数来取代 2，5，10 也能使积成为 100。例如 5，4，5 和 2，2，25 都行。此时，变更乘数或减数时，当然也必须注意其最后应减的数也要变化。例如，设乘数为 5，4，5，加数为 6 与 9，首先设定 8。

那么，8 乘 5 得到 40，加上 6 等于 46，46 乘 4 等于 184=160+24，加上 9 等于 193=160+33，再乘 5 得到 965=800+165，为了求所设的数的 100 倍，在这种情形下必须减去 165（6×4=24，24+9=33，33×5=165）。

假如你想对答案进行验算的话，把前面所剩余的数设成所设的数的

100 倍,改变 100 以外的适当的数字,例如选择 2,3,4 的积 24(2×3×4＝24),所加的数选择 7 与 8。

假定所设的数为 5,乘 2 等于 10,加 7 变成 17＝10+7,乘 3,(10+7)×3＝51＝30+21,加 8 变成 59＝30+29,最后等于 236＝120+116。这时您的朋友告诉你 236 这个答案,你就把 236 减去 116,其差 120 相当于 24 的 5 倍,如此即可猜出设定的数为 5。

或者乘数不要设定三个,而选择 2 与 5 这两个就好,加数不必两个,一个也可以。在这种情况下,进行和前面同样的计算,然后将所得的数除以 10,就是所设定的数。

要乘的数也可选择四个、五个或六个,而加数也可增至三个、四个或五个,按照上述的要领去做,就可以猜出所设定的数。

最后不要加数而选择减数亦可,或者不减不加也成。例如我们使用问题最初的数值,将数字设定为 12,乘 2 以后变成 24,减去 5,(24-5),乘 5 变成(120-25),减 10 变成(120-35),乘 10 变成(1200-350),此即为朋友所回答的数。这时你必须将答案加上 350,而不是减去 350,然后将所得的和 1200 除以 100,结果是 12,就是你朋友所设定的数。

总之,读者可随意变化问题的形式。

数学漫画 39

问:

萨摩斯王问毕达哥拉斯:"你的弟子有几人?"

毕达哥拉斯回答:

"我的学生 $\frac{1}{2}$ 学数学, $\frac{1}{4}$ 研究自然和长生, $\frac{1}{7}$ 在沉默中修身养性,另外再加 3 个做室女。"

请问,他的弟子总共有几人?

答:28 人。这是有关分数的计算问题。

弟子数 $X = \frac{X}{2} + \frac{1}{4} + \frac{X}{7} + 3$

$X = 28$

★ 毕达哥拉斯（*B.C.*580? —*B.C.*500?），系以宗教观点来研究数学，因此他所领导的是秘密团体。后来被反对派暗杀身亡。

107. 想要猜对秘诀其实很简单，只要看最下一栏的数字即可。例如所设的数在右起第二列、第三列与第五列（或是扇子的第二排、第三排与第五排）都有出现，这时只要将那几行下面的数字加起来，即可得到对方所设定的数为22(2+4+16=22)。

如果对方所设定的数为18，而18位于第二列与第五列，这两列下面的数为2与16，两者相加就可得到18。

那么，这个数字表究竟是根据什么原理做成的呢？

从1开始依次乘2的数列，也就是1,2,4,8,16,32……不论任何正整数都能够以此数列的数项和求出。这性质非常特殊，例如：27=16+8+2+1。在表格的第一列里写上$2^0,2^1,2^2,2^3,2^4$，也就是1,2,4,8,16，将这些数字适当地加起来，可得1至31($2^5-1=31$)中的任何整数。将这些数放在表中固定的位置（看最下行）。将2的累乘数列利用前述的性质，把1—31的整数写在纵栏里，将一整数分解为2的幂级数和，在出现各幂次的列中记下该数。例如27，就记在最下一栏为1,2,8,16的各列中。如此，当我们要猜测设定的数时，就知道要将最下面的数加起来，例如2的幂级数的性质，可应用在表示数字方面。对于各数将0或1的行列如此记下，在右起的第一个位置，看该数是否涵盖从右起第一列，写下1或0；以第二个位置，看看此数是否涵盖第二列，然后写下1或0，以此类推。例如27，可按此法记为11011，而12则可记为01100，左端的0不必写上去，于是12就可表示为1100。

这种表记数字的方式称为二进位表记法。

以这方式来记，根本不需看表，只要将整数表示为2累乘的形式，将其所出现的号码（从0开始由右向左数）的位置记下1，其他位置记0即可。例如

数二进位表记

$2 = 2^1$	10
$3 = 2^1 + 2^0$	11
$5 = 2^2 + 2^0$	101
$19 = 2^4 + 1^1 + 2^0$	10011
$134 = 2^7 + 2^2 + 2^1$	10000110

二进位法多半应用于计算机表示数字,不论表记任何数字,只要使用 1 与 0 即可;而一般使用的十进位法则需使用 $0,1,2,3,\cdots,8,9$ 十个数字。

108. 假设所设定的偶数为 $2n$,按指示的顺序进行计算。

$2n \times 3 = 6n$ $\qquad\qquad$ $6n \div 2 = 3n$

$3n \times 3 = 9n$ $\qquad\qquad$ $9n \div 9 = n$

将最后得到的商乘 2,就可获得设定的数为 $2n$,现在我们来探讨寻找一般数的规则。假定的数为偶数的情形,我们刚刚已经探讨过了,现在来看看假定的数为奇数(设为 $2n+1$)的情形。最初的计算为:$(2n+1) \times 3 = 6n+3$,由于此数无法被 2 整除,所以加上 1,于是 $6n+3+1 = 6n+4$,除以 2 变成 $3n+2$,接着 $(3n+2) \times 3 = 9n+6$。

$9n+6$ 除以 9,商为 n(此时,余数为 6),给商乘 2 再加上 1,就可获得所设定的数 $2n+1$。

109. 任何整数都能够以 $4n, 4n+1, 4n+2, 4n+3$ 其中之一的形式来表示,但字母 n 是 $0,1,2,3,4$ 等值的意思。

①首先选择 $4n$ 的形式来进行问题所提示的计算,于是:

$4n \times 3 = 12n$ $\qquad$ $12n \div 2 = 5n$ $\qquad$ $6n \times 3 = 18n$

$18n \div 2 = 9n$ $\qquad$ $9n \div 9 = n$ $\qquad$ $4 \times n = 4n$

②以 $4n+1$ 的形式来计算的话,则会有如下的情形:

$(4n+1) \times 3 = 12n+3$ $\quad$ $(12n+3+1) \div 2 = 6n+2$ $\quad$ $(6n+2) \times 3 = 18n+6$

$9n+3$ 除以 9 得到商为 n,按规则可获得 $4n+1$。

③以 $4n+2$ 的形式来计算,情形变为:

$(4n+2) \times 3 = 12n+6$ $\quad$ $(12n+6) \div 2 = 6n+3$ $\quad$ $(6n+3) \times 3 = 18n+9$

$9n+5$ 除以 9 得商为 n,给 n 乘 4,再加上 2(不能被 2 整除的只有第二次),就可获得所设定的数 $4n+2$。

④至于 $4n+3$ 的形式,则为:

$(4n+3) \times 3 = 12n+9$ $(12n+9+1) \div 2 = 6n+5$ $(6n+5) \times 3 = 18n+15$

$9n+8$ 除以 9 得商为 n，按规则求出所设定的数为 $4n+3$。

应用这些规则，任何设定的数都能求出。

111. 根据问题 109 的答案，就能知道对于 $4n$ 形式的数，计算的最终结果就是 $9n$，也就是 9 的倍数。因此，$9n$ 与数字的各位数字和必须能被 9 整除才行，意味着要猜的数和其他知道的数字相加，必须成为 9 的倍数。所以，假如知道的数字为 9 的倍数，那么，所要猜的数也应该是 9 的倍数才对。同时，一开始就知道不能使用 0。

而 $4n+1$ 形态的数，最终的计算结果是 $9n+3$，加 6 之后就变成 9 的倍数，同时其各位的数字和也为 9 的倍数。

至于 $4n+2$ 的情形，最终的计算结果为 $9n+5$，加 4 以后就变成 9 的倍数，同时，其各位数字的和也就该为 9 的倍数。

最后是 $4n+3$ 的形式，其最终的计算结果为 $9n+8$，加 1 之后就变成 9 的倍数，同时，其各位的数字和亦为 9 的倍数。

由此可知，这问题所提示的规则是相当正确的。

112. 对某数 n 进行一连串的运算，其结果为 $n\dfrac{abc\cdots}{ghk\cdots}$，而对方的 p 数也进行同样的计算，得到 $p\dfrac{abc\cdots}{ghk\cdots}$ 的结果。将前者的结果除以 n，后者的结果除以 p，就能得到相同的结果 $\dfrac{abc\cdots}{ghk\cdots}$，所以对于 $\dfrac{abc\cdots}{ghk\cdots}$ 和 $\dfrac{abc\cdots}{ghk\cdots}+n$，用后者减掉前者，就可获得 n。

同样，这类问题也可以加变化。第一，乘数与除数可自由选择；第二，乘除的顺序不定，可连乘几次之后，再连除几次，也可以反过来，先连除几次之后，再连乘几次。假如最后的结果比设定的数还大的话，不用加而用减的方式亦可，除此之外，还有其他的变化方式。

数学漫画 **40**

问：

　　房间内的四个角落各有1只狗，每只狗前面又有3只，每只尾巴上还有1只。请问，共有几只？

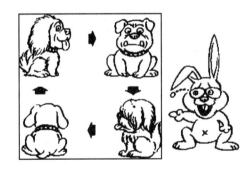

答：4只。

113. Ⅰ. 假定所设的数为 a,b,c,d,e，求出和为 $a+b,b+c,c+d,d+e$，$e+a$。对方会告诉你将奇数位置的数字相加的结果为 $a+b+c+d+e+a$，以及偶数位置的和为 $b+c+d+e$。

前者减后者的差为 $2a$，此数的一半就是所设的第一个数 a。把 $a+b$ 减 a，就得到 b，以同样的方式可依次求出 c,d,e。

Ⅱ. 假定所设的数为 a,b,c,d,e,f，对方告诉你 $a+b,b+c,c+d,d+e,e+$

$f,f+b$ 的和,把奇数位置的和(第一个和除外)加起来,得到的结果为 $c+d+e+f$,再把偶数位置的和加起来,得到 $b+c+d+e+f+b$,后者减去前者,得到 $2b$,此数的一半即为所设定的数字 b。求出 b,其他的数也就容易求出了。

这个问题还有其他的解决方式,在此列举如下一种:

假定设定的数有奇数个,把所有知道的和加起来,将最后的结果除以 2,就可得到一切设定的数字的和;假如所设的数有偶数个,那么,把所知道的和(除第一个和以外)通通加起来,然后把结果除以 2,就得到除了第一个数以外,其他设定的数字的和。知道设定的数字的和之后,要求出各数就很容易了。例如所设定的数为 2,3,4,5,6,在知道的和为 5,7,9,11,8 的情形下,把和通通加起来得到 40,除以 2 变成 20,此即为所有设定的数字的和。

所设定的第二个与第三个数和为 7,第四个与第五个和为 11,因此 $20-(7+11)=2$,此即为第一个设定的数。以同样的方式可求出其他的数。

所设的数有偶数个的时候,也可以同样的方式求出其中一数。

也可用以下的方式求出:假设对方设定的数有 3 个,如前述,让对方告诉你每两个数之和;如果所设的数有 4 个,就请他告诉你每三个数之和;如果设定的数有 5 个,就请他说出每四个数字的和。换句话说,就是让对方告诉你比设定的数的个数少一个的数字的和,同时,要猜出设定的数,必须遵守以下的规则。

把你所知道的和通通加起来,然后把结果除以比设定的数字个数还要少 1 的数,其商就是所设定的数字和,如此,就能轻易求出每个设定的数了。例如所设定的数为 3,5,6,8,那么,每三个的数字和为

3+5+6=14

5+6+8=19

6+8+3=17

8+3+5=16

其和通通加起来的结果为 66,把这结果除以 3(比设定的数字个数少 1),得 22,此即为所有设定的数字和。然后把 22 减 14,求出最后的数 8,或者减 19,求出第一个数 3,其他的数也可以同样的方式一一求出。

知道了这一原理之后,就能很容易地加以证明。

假如所设的数有偶数个的时候,依次把每两个数相加,且最后一个数和第二个设定的数相加,为什么要这么做? 请各位读者自己研究。

114. 假设所设定的数为 n,进行计算之后,可以 $\dfrac{na+b}{c}$ 的形式来表示,而这个数式可变化为 $\dfrac{na}{c}+\dfrac{b}{c}$,将此数减去 $n\,\dfrac{a}{c}$,很明显所剩余的数为 $\dfrac{b}{c}$。

115. 任何数乘 2 之后其积必为偶数,因此两人之积的和要看另一个积为偶数还是奇数,才能决定是偶数还是奇数,但是被乘数为奇数的话,就不一定了。如果另一个乘数为偶数,那么积就为偶数;如果为奇数,积就是奇数,依靠两人之积的和来判断被乘数到底为偶数还是奇数。

116. A 与 B 除了 1 以外没有其他的公因数,而不同的两数 a 与 c 也是彼此互质,同时 A 能被 a 整除。进行问题的计算之后,可获得 $Ac+Ba$ 与 $Aa+Bc$ 的和。很明显,第一个和能被 a 整除,而第二个和就不能被 a 整除。因此,究竟 B 是否是 a 的因数,要视对方进行乘法运算之后,把结果加起来的和能否被 a 除尽来决定。

117. 假定所设定的数为 $a, b, c, d\cdots\cdots$ 将这些数进行如下的运算:

首先从两个数开始:

$(2a+5)\times5 = 10a+25$

$10a+25+10 = 10a+35$

$10a+35+b = 10a+b+35$

然后加入第三个数: $(10a+b+35)\times10+c = 100a+10b+c+350$

再加入第四个数: $(100a+10b+c+350)\times10+d = 1000a+100b+10c+d+3500$

以此类推。

显而易见的,配合所设定的个数,将计算结果扣掉 $35, 350, 3500, \cdots$ 之后,所剩余数中的每一位数字由左至右各表示所设定的数。

数学漫画 41

问：

"0"的计算表面看起来很简单，实际上并不容易。请试着做下列各题。

A	$0×9=$____	B	$8×0=$____
C	$0×0=$____	D	$0÷7=?$
E	$5÷0=?$	F	$0÷0=?$

0乘各个数字都是0吗？0能被除尽吗？

答：$A=0,B=0,C=0,D=0,E$ 不能成立，F 不确定。

D 假设 $0÷7=X,7×X=0,X=0$。

E 假设 $5÷0=X,0×X=5$，但0乘任何数皆为0，所以这等式不能成立。

F 假设 $0÷0=X,0×X=0$，所以可以为任何数，答案是"不确定"。

十、更有趣的游戏

$$118. 1 = \sqrt[5]{\frac{5}{5}}$$

$$119. 2 = \frac{5+5}{5}$$

$$120. 4 = 5 - \frac{5}{5}$$

$$121. 5 = 5 + 5 - 5 = 5 × \frac{5}{5}$$

$$122. 0 = 5 × (5-5) = \frac{5-5}{5} = \sqrt[5]{5-5} = (5-5)^5$$

123. 这个问题比前面的复杂许多,现在我们来解答。$31 = 3^3 + 3 + \dfrac{3}{3}$,

$31 = 33 - 3 + \dfrac{3}{3}$,$31 = 33 - \dfrac{3+3}{3}$

124. $100 = 5 \times (-2+4) \times (1+2+7)$

125. 想要在这场游戏中获胜,只要先说出 89 就赢了。因为先说出 89,对方无论说任何数(在 10 以下),加上 89 之后,其和与 100 的差数均为 10 以下,这时你说出差数,就赢得了这场游戏。

但是要先说出"89"的秘诀是什么呢?

首先将 100 连续扣 11,得到 89,78,67,56,45,34,23,12,1 的数列,由小至大排列如下:1,12,23,34,45,56,67,78,89,这是很容易背下来的。只要按照以下的方式去做,首先限界的数为 10,加 1 就是 11,此数乘 2,3,4,5,6,7,8,得到 11,22,33,44,55,66,77,88,把这些数各加 1,然后由 1 开始数数,就能得到上面的数列。

于是,你会发现当你说出 1,对方无论说出任何数(10 以下),都无法阻止你说出 12,同理,也无法阻止你说出 23,34,45,56,67,78 以及 89。

而你只要说出 89,不论对方说任何数(10 以下),你都能轻易地说出 100,那你就赢了。

由以上的情形,假如两个比赛者都知道这个秘诀,那么这场游戏的胜负,就看谁先说出"1"了,换句话说,先喊的人赢。

126. 充分理解了前面问题的答案,就可应用于任何的情形。

例如所设定的数为 120,每次所喊出的最大数和前题一样为 10,这时必须先知道 109,98,87,76,65,54,43,32,21,10 这个数列,换言之,背下由 10 开始的连续加 11 的数列即可。在这种情况下,也是先喊的人赢。

如果所设定的数为 100 不变,但是每次喊的最大数不是 10 而是 8,在这种情况下,所要记忆的数列变成 91,82,73,64,55,46,37,28,19,10,1,也就是由 1 开始到 100 的所有 9 的倍数加 1 的数列,弄清了问题的性质之后,不论游戏的方式如何变化,你都能稳操胜券。

但是,如果每回喊的最大数为 9 时,记忆的数列变成 90,80,70,60,50,40,30,20,10,在这种情形下,知道秘诀的对手先喊数的话,他就输定了,因为先说出任何数字的人,就无法阻止对方喊出10,20……后者会最先喊到100。

127. 将火柴棒按顺序移动即可。例如把4移到1,7移到3,5移到9,6移到2,8移到10;或者7移到10,4移到8,6移到2,1移到3,5移到9。

128. 假定将排成一行的火柴棒以1,2,3,…,15的号码来表示,那么,问题如下移动12回之后就能解决了。2移到6,1移到6,8移到12,7移到12,9移到5,10移到5,4在5和6之间,3在5与6之间,11也移至5与6之间,13移至11之处,14移至11之处,15亦然。

129. 为表示圆盘正确的移动过程,由小至大依次将圆盘设为1,2,3,4,5,6,7,8。移动的过程请参考下面的表格。

	A棒	补助棒	B棒
移动前	1, 2, 3, 4, 5, 6, 7, 8	—	—
第一次移动之后的情形	2, 3, 4, 5, 6, 7, 8	1	—
第二次移动之后的情形	3, 4, 5, 6, 7, 8	1	2
第三次移动之后的情形	3, 4, 5, 6, 7, 8	—	1, 2
第四次移动之后的情形	4, 5, 6, 7, 8	3	1, 2
第五次移动之后的情形	1, 4, 5, 6, 7, 8	3	2
第六次移动之后的情形	1, 4, 5, 6, 7, 8	2, 3	—
第七次移动之后的情形	4, 5, 6, 7, 8	1, 2, 3	—
第八次移动之后的情形	5, 6, 7, 8	1, 2, 3	4
第九次移动之后的情形	5, 6, 7, 8	2, 3	1, 4,
第十次移动之后的情形	2, 5, 6, 7, 8	3	1, 4,
第十一次移动之后的情形	1, 2, 5, 6, 7, 8	3	4
第十二次移动之后的情形	1, 2, 5, 6, 7, 8	—	3, 4,
第十三次移动之后的情形	2, 5, 6, 7, 8	1	3, 4,
第十四次移动之后的情形	5, 6, 7, 8	1	2, 3, 4,
第十五次移动之后的情形	5, 6, 7, 8	—	1, 2, 3, 4,

由此可知,当补助棒空时,能套进的只有奇数号码(1 号、3 号、5 号等)的圆盘而已;当 B 棒空时,能套进的只有偶数号码的圆盘,所以,要移动上面 4 块圆盘,必须把上面的 3 块移至补助棒。由表可知,要进行 7 回这般的移动工作,然后把 4 号圆盘移到 B 棒,因此移动的次数增加一回,最后,将 1—3 号的圆盘由补助棒移到 B 棒的 4 号圆盘上面(此刻,A 棒担任补助棒的任务),这也是需 7 回才能移动完毕。

一般说来,在这种条件下按照大小顺序将圆盘移到圆柱上,首先要将 $n-1$ 的圆盘移到一个空的地方,然后将 $n-1$ 的圆盘全部移到圆柱上面。

移动全体圆盘所需要的次数,在 II 的罗马数字上加上各阶段的圆盘张数来表示,可获得如下关系:

$$II_n = 2 II_{n-1} + 1$$

n 值为 1 的时候,依次加以代入即可得到:

$$II_n = 2^{n-1} + 2^{n-2} + \cdots + 2^3 + 2^2 + 2^1 + 2^0$$

此等比数列的和为

$$II_n = 2^n - 1$$

因此,由 8 张圆盘所形成的玩具金字塔,必须移动 $2^8 - 1$ 次的圆盘,也就是 255 回才能达成问题的要求。

假设每移动一回需要 1 秒的时间,要把 8 张圆盘所形成的金字塔全部移到另一棒上,需费 4 分钟。如果要把 64 个圆盘所形成的金字塔通通移完,则需 18446744073709551615 秒,相当于 50 亿世纪。

130. 这个问题的答案与二进位法有关,现在把 12,10,7 以二进位法来表示。

12—1100

10—1010

7—111

于是得到 3 个二进位的数字,除了最右边(最下面)的位数以外,任何位数各有两个 1。A:先做各位数没有两个 1 或者没有 1:

12—1100

10—1010

6—110

接着轮到 B 想破坏这一性质,故 A 又恢复原来的情形,继续这个游戏,每次轮到 A,就把 B 所破坏的数字关系恢复原状,使各纵列都有偶数个 1。

3 个正整数的组合都以二进位法表示的时候,任何纵列都会有偶数个 1,称为正规组,否则称为非正规组。

正规组往往被破坏为非正规组,同时,任何非正规组也必然恢复为正规组的情形一目了然。因此,当同一位有奇数个 1 的时候,选择最左(最上位)和其位有 1 的数目,使其数变小恢复正规组即可,必须了解的是,这是经常能够做到的。

当数组为非正规组的时候,先玩的人必然能赢得这场比赛。由于如此,他只需在轮到自己时做正规组即可。如果本来的组为正规组时(例如 12,10,6 以及 13,11,6),先玩的人一定输。在此时只能期待对方走错一步,把正规组变成非正规组,否则你是输定了,掌握领导权的人最后必然获胜。

火柴棒的堆数如果在 4 个或 5 个以上,不论任何情形,轮到你的时候,使任何位数的 1 都变成偶数个,那你就赢了。

数学漫画 42

问:

阿基米德为点、线、面下定义,提出了 5 个定理和假设。现请将适当的数字填入下列□内。

定理 1 与□物全等的□物必然全等。

定理 4 相互叠合的□物为全等。

假设 5 □直线与一直线相交,如同侧内角和小于 2 直角时,将此□直线延长,必然于比直角小的线那侧相交。

答:定理1:1,2

定理4:2

假设5:2,2

十一、骨牌的问题

132. 开启问题之钥匙,是在骨牌反放时,把这13张牌如图160所示的顺序排列。这个骨牌的排列很明显,就是0至12的自然数序列:

图160

12,11,10,9,8,7,6,5,4,3,2,1,0,其点数由左至右依次减小,在此序列由右侧加上12张牌,随意排列,然后你就到隔壁的房间去。假如对方将右侧的牌移动几张(12张以下)到左侧,假定从(6,6)排下去,你回来时掀开中央的牌(也就是左起第13张牌),其点数就表示你离开后所移动的骨牌张数。

这个理由并不难理解,当你到隔壁房间时,就知道骨牌的中央点数为(0,0),在你不在的时候,假如由右往左移1张的话,中央的骨牌点数就变成(0,1);移动2张,中央的骨牌点数就变成2点;移动3张,就变成3点……反正骨牌移动几张,中央的骨牌点数就会有几点,于是中央的骨牌会告诉你移动的张数。(但是必须注意的是,移动的张数一定要在12张以下)

这游戏可以再继续下去,你再到隔壁的房间,让对方再由右到左移动骨牌。你一回来又掀开另一张骨牌,不过这次并不是掀开中央那张,而是中央靠右的牌。为找到那张牌,按前次所移的张数,掀开中央靠右的牌即可。

133. 全部骨牌的点数总和为 168,这是将 28 张骨牌逐一取出,把上面的点数加起来,就可确认的事实。但是用这种方式实在太麻烦,而且无聊乏味,现在我们以其他的方式算算看。

假定骨牌有两副,合计共为 56 张,每 2 张 1 组,形成 28 组。条件是第一张上格的点数和第二张上格的点数和为 6,同时下格的点数和亦为 6。例如(3,5)与(3,1),(6,4)与(0,2),(0,6)与(6,0),(3,3)与(3,3),很明显每组的点数皆为 12 点。因此两副骨牌的点数总和为 28×12 = 336,除以 2 等于 168,即为一副骨牌的点数总和。

136. 假定已做好这样的正方形,中央共有 3 条与底边平行、将两侧的边分为 4 等份的直线。根据问题的条件,这些直线至少要和一张骨牌相交,每条直线的上方都有偶数个相当于骨牌面积一半的小正方形(各为 4 个、8 个以及 12 个),所以每条直线各横切偶数张牌,也就是和 2 张以上的牌相交,3 条直线一共横切 6 张以上的骨牌。以同样的方式,现在有 3 条与两侧平行的直线。那么,此 3 条直线也横切 6 张以上的骨牌。虽然每一张牌都被 2 条直线横切,但是这么一来,正方形至少必须由 12 张骨牌组成,这与问题的条件不合。所以,8 张骨牌无法做出如问题所要求的正方形。

137. 也没办法做出正方形。为证实这点,以和前面问题同样的方式证明,但这次所要画的是 5 条平行线。

138. 要做这样的长方形是可能的,图 161 即为一例。

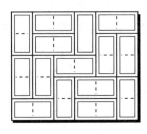

图 161

数学漫画 43

 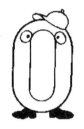 问：

（十进法）……（二进法）

1……1　　　　2……10

3……11　　　　4……100

5……101　　　6……110

7……111　　　8……1000

9……1001　　10……1010

11……?　　　12……?

13……?　　　14……?

15……?　　　16……?

二进位法是伟大的创造！

答：11 = 1011

12 = 1100

13 = 1101

14 = 1110

15 = 1111

16 = 10000

十二、白棋与黑棋

139. 按下列由上往下,再由左至右的顺序,移动 24 回即可。

6 移至 5　2 移至 4　4 移至 6

4 移至 6　1 移至 2　2 移至 4

3 移至 4　3 移至 1　3 移至 2

5 移至 3　5 移至 3　5 移至 3

7 移至 5　7 移至 5　7 移至 5

8 移至 7　9 移至 7　6 移至 7

6 移至 8　8 移至 9　4 移至 6

4 移至 6　6 移至 8　5 移至 4

140. 最初的配置如图 162。

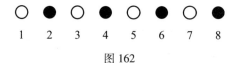

图 162

第一回的移动是把 6 与 7 移至左侧的空格,可得如图 163 的配置。

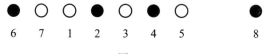

图 163

第二回的移动是把 3 与 4 移到现有的空格当中,如图 164 所示。

图 164

第三回的移动是把 7 与 1 移至刚才 3 与 4 的位置,如图 165 所示。

图 165

第四回的移动是把4与8移至最后的空格当中,于是完成了问题所要求的配置,使4个白棋接着4个黑棋并列在一起。(如图166)

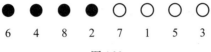

●	●	●	●	○	○	○	○
6	4	8	2	7	1	5	3

图166

由最后围棋的配置,可以做4回的移动,恢复成原来的情形,如这般相反的问题就很困难了。

141. 最初的配置如图167所示,图168表示移动方式。

○	●	○	●	○	●	○	●	○	●
1	2	3	4	5	6	7	8	9	10

图167

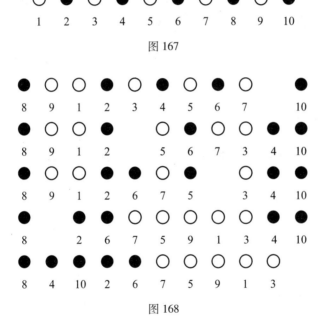

图168

①把8与9移到左边的空格。

②把3与4移到现在空的地方。

③把6与7移到现在空的地方。

④把9与1移到现在空的地方。

⑤把4与10移到现在空的地方。

142. 如图169的方式移动。

209

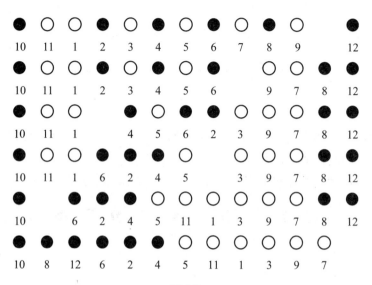

图 169

143. 刚开始移动6回的方式如图170,最后的7次移动比较简单,各位一定能够做得到。

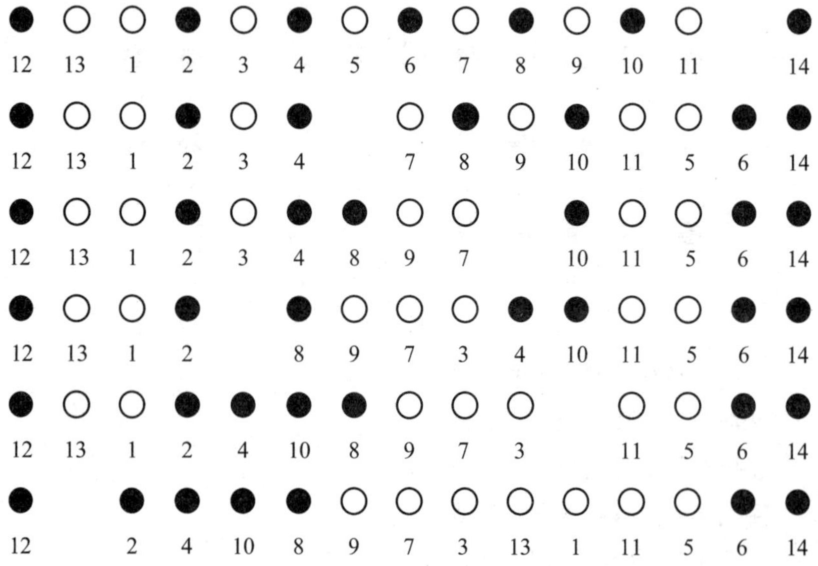

图 170

144. 如图 171 所示。

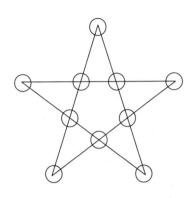

图 171

145. 为解决问题,把棋子排成如图 172 的形式。

图 172

为了找出问题的答案,将 24 根火柴棒排成一列,如图 173。

图 173

反复数 1 至 7,将由左算起的第七根、第十四根、第二十一根火柴棒拿掉。然后再反复数 1 至 7,这次要从第二十一根后面的 3 根火柴棒开始数,然后再从头数起,现在这一行只剩下二十一根,从这行开始起的第四根、第十二根、第二十根火柴棒又被取走。反复进行下去,依次再取走第五根、第十五根以及第二十四根火柴棒,然后是第十根与第二十二根,最后再取走第九根火柴棒,这时所剩余的火柴棒为十二根。在其位置上面排上黑棋,然后再取走火柴棒,再在变空的位置排上白棋,就可获得问题所要求的配置。(如图 172)

数学漫画 44

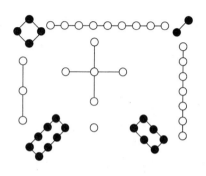

问：

　　左图是古代中国刻在龟背上的矩阵原型。所谓矩阵，纵、横、斜任何一列的和必均为15。现请将1至9的数字填入，完成左下表的矩阵图。

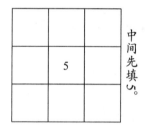

中间先填5。

6	7	2
1	5	9
8	3	4

答：如左图。

　　★ 自古矩阵即被视为神秘的数列，常刻在铜板上，作为护身符随身携带。但是，自从知道矩阵的做法后，其神力即随之消失。据说有人做成16格880种的矩阵。

十三、西洋棋的问题

146. 答案表示在图 174。

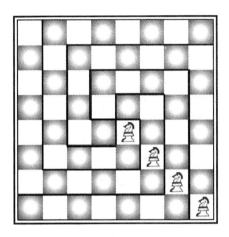

图 174

147. 骑士要将所有的空格绕 1 圈,必须移动 63 回。要注意的是,骑士每移动一回,该格的颜色就会改变,因此做完 63 回的移动之后,意味着骑士会到达和出发点颜色不同的格子,可是问题的条件又必须回到出发点,因此互相矛盾,表示骑士无法如问题所要求绕空格 1 圈。

当棋盘上有奇数个其他棋子时,其想法完全相同,可以同样的方式解释。

148. 假定按照问题的条件,骑士有绕 1 周的方法。在 62 个格子做如下的号码,在出发点的格子里编号 1,其他则按骑士移动的顺序为 2,3,…,62。如前所述,骑士每移动一回,格的颜色就会改变。那么,编号为奇数的格子所代表的颜色应该相同,偶数号码的格子则为另一种颜色。所以盘上的空格应该有 31 个黑的、31 个白的。但是,士兵所放置的位置是 2 个颜色相同的格子,又与问题矛盾。因此,这问题是没有答案的。

149. 如图 175 所示,在 16 个格子里填上字母 a,b,c,d,e,f 以及数字 0。假定按照骑士所通过的格子顺序排成一列,可获得 16 个记号所形成的锁链。骑士要从某一字母的格子移动到另一个字母的格子时,必然会通过 0 的格子,所以在这个字母的锁链中,每两个不同的字母之间必然有 0 的存在。接下来将相同字母并列的部分以一个字母来表现。那么,这条锁链至少要有 6 个字母,同时这些字母都被 0 隔开,但是 0 只有 4 个,显然不够隔开 6 个字母,由此矛盾可说明此题无解。

a	f	e	b
e	0	0	f
f	0	0	e
d	e	f	c

图 175

150. 独角仙无论如何前进,经常会有空格出现。首先将黑格的独角仙称为黑独角仙,其他的称为白独角仙。那么,当每只独角仙都移动到隔壁时,表示黑独角仙都到白格里了。但是,黑独角仙是 13 只,而白格却只有 12 格,所以必然会有 1 个白格,至少有 2 只独角仙相遇,这时,有个格子会变空(因为格子数和独角仙的数目相等)。

格子数为奇数的正方形棋盘,答案必然如此,可以前述的方法加以证实。

151. 可将独角仙分别移动到相邻的格子里,将西洋棋盘分解为方形轮。(如图 176)将独角仙以顺时针的方向,沿方形轮移至隔壁的格子,显而易见,每个格子都会被独角仙填满。

152. 图 177 表示通过一切格子的封闭曲线。独角仙顺沿此线,朝一个方向前进,可按问题所要求的条件,绕棋盘 1 周。

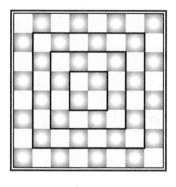
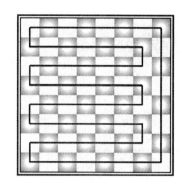

图 176   图 177

153. 假定能做到,那么,偶数个格子应该会被骨牌遮盖,因为每个骨牌可完全地覆盖 2 个格子,但现在盘上的空格为 63 个,所以无法按问题的要求去做。

154. 每张骨牌放置在棋盘上时,必定有一个黑格与一个白格被覆盖,所以棋盘被骨牌覆盖的部分一定是由等数的黑白格子所形成。在这问题里士兵是摆在 2 个同色的格子里,而棋盘的剩余部分有不等数的黑格与白格(整个棋盘有 32 个黑格与 32 个白格),所以无法完全以骨牌覆盖。

155. 注意图 177 的封闭曲线,当士兵沿此线而位于两个紧邻的格子时,曲线会通过白黑交替的 62 个格子两端的一条直线,沿此线从一端排列骨牌,可将棋盘所剩余的部分完全遮盖。士兵如果没放在紧邻的格子时,曲线就会分成不交叉的两个部分。在此情形下,任何部分都会通过偶数个格子(因为士兵是在不同色的格子里),因此,任何一条曲线都会被骨牌完全覆盖。如上述,将 2 个士兵放在不同色的格子里,不论其排法如何,棋盘所剩余的部分都能被骨牌完全遮盖。

156. 在 32 个白格里各摆 1 个棋子,将白格全部阻塞之后,骨牌就一张都排不上去了。(如前面的一样,骨牌会覆盖邻格的白黑两个格子)接下来 31 个棋子要以什么方式排在棋盘上,才能至少让一张骨牌排得上去? 首先,使用 32 张骨牌将西洋棋盘全部覆盖(例如顺沿图 177 的曲线),然后在上面以任意方式排这 31 个棋子,至少有一张骨牌不会被排上棋子,由此可证明所需的棋子为 32 个。

数学漫画 45

1	14	15	4
12	6	7	9
8	10	11	5
13	2	3	16

问:

这是 4 次元（16 格）矩阵的数列。请移动 4 个数字，做成纵、横、斜各列的和均为 34 的矩阵。

1	15	14	4
12	6	7	9
8	10	11	5
13	3	2	16

答: 将 14 与 15、2 与 3 互相调换即可。

十四、数的正方形

159. 当然,可以在每格写上 2,如此所形成的方阵就能符合问题所提出的条件,但至少要有一个奇数的话,问题就没那么简单了。

尝试几回之后可以发现,在正方形的中心不能写 1 或 3,现在我们来严谨地证明这一事实。

假定数字已经被配置如条件所要求,那么,把两个对角线与第二列的数通通加起来(这时正方形中心的数被加 3 回),从其结果中扣掉第一与第三行的数,将会发现,其差和正方形中心的数的 3 倍相等;从另一个角度来看,无论在对角线上,或者是纵列、横行,其和皆为 6,所以其差必等于 0。因此正方形中心的数为 2。

要使横行或斜线的数字和均为 6,三个数都要使用才行,否则都为 2,这是理所当然的。所以,正方形至少有一个顶点的格子必须填上 2,其后的配置就很简单了。(如图 178)第二个以后的配置是根据最初的配置,各在对角线(2,2,2)以及第二横行、第二纵列求对移的配置而已。

1	3	2
3	2	1
2	1	3

3	1	2
1	2	3
2	3	1

2	1	3
3	2	1
1	3	2

2	3	1
1	2	3
3	1	2

图 178

为组合所要求的配置,可使用简单的记忆方法。首先组合如图 179a 的配置,将正方形 ABCD 以外的数,分别移至下方、上方、左方和右方,使之能填入正方形的空格当中,结果可获得所要求的配置。(如图 179b)

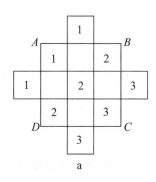

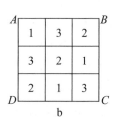

图 179

160. 如前面问题的答案一样,按照最后的方法来解答。首先如图180a 的方式来配置,接着将正方形以外的数字各往左方、右方、下方以及上方三格移动,使这些数能填入正方形当中,如此即可求得所要的配置。(如图180b)

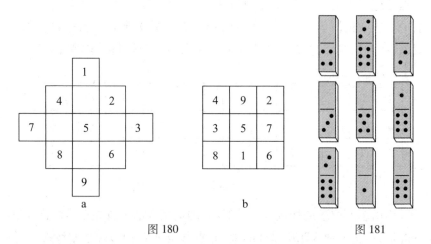

图 180   图 181

解答这个问题,还可应用对应数字的骨牌。(如图181)

161. 可应用前面的方式来解答此题。在 25 个格子形成的正方形边上各加上 4 个格子(如图182),将1—25 的数字依次在图中配置。

然后将正方形以外的一切数字,各向下方、上方、左方以及右方的 5 格移动,就能完成配置。(如图183)

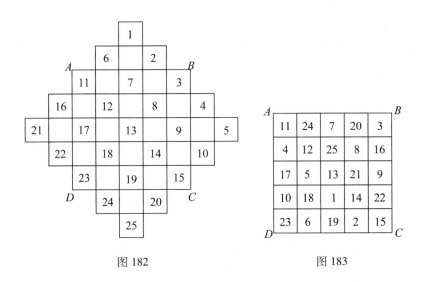

图 182   图 183

162. 从前面所叙述的方法，可以知道无法排成 16 格的魔方阵。然而，满足此问题条件的答案还是有很多。

我们不再研究这问题的一般解法，而只介绍两种问题的答案。（如图 184）

4	5	14	11
1	15	8	10
16	2	9	7
13	12	3	6

3	2	15	14
13	16	1	4
10	11	6	7
8	5	12	9

图 184

问题 160、161 所使用的简单方法，对于格子数为奇数的魔方阵十分有效，但遗憾的是，想做出偶数个格子的魔方阵就没那么简单了。

数学漫画 46

```
                    1
                 1     1
              1     2     1
           1     3     3     1
        1     4     6     4     1
     1     5    10    10     5     1
  1     6    15    20    15     6     1
1     7    21    35    35    21     7     1
1    8    28    56    70    56    28    8    1
1   9   36   84   126  126   84   36   9   1
```
r 列

问：

这种数字金字塔称为帕斯卡三角形。数字间有极特别的关系。请问是什么？

nCr

C 是 *Combination*（组合）的第一个字母。

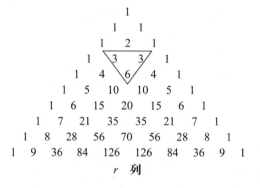

r 列

答：如图，任何部分都是上层的两数之和表示在下层。

163. 在第一条对角线上任一格填入一个字母，那么第二条对角线就有 2 个格子被限制不能填入字母（因为此字母已被横行或纵列使用）。在第二条对角线剩下的两个空格中填入一字母，根据对角线上的两个字母，就很容易做出符合问题条件的配置。（图 185）换言之，就是将第一条对角线上的字母位置加以固定，那么问题就有 2 个答案了。可是，最初的字母可以写在第一条对角线的任何一个空格里，因此问题有 2×4＝8 种答案。加上 4 个不同的字母，可排出 24 种不同的配置。在这情形下，答案总共有 8×24＝192（种）。

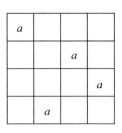 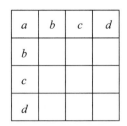

图 185   图 186

164. 假定按照问题的条件配置字母,然后将任意两个横行或纵列加以互换,那么应该可以得到符合问题条件的字母配置,如此排列的行与列,可在最上一行与左端一列(如图 186 所示)配置字母。

如此配置方式称为基本配置,接着我们求出一切的基本配置。可以看出第二行配置的方法只有(c,d,a)、(d,a,c)以及(a,d,c)3 种,这当中起先的两个,在第三行与这四行的配置方式各只有一种,但是最后一个却有两种方式,所以基本配置总共有 4 种,如图 187 所示。

a	b	c	d
b	c	d	a
c	d	a	b
d	a	b	c

a	b	c	d
b	d	a	c
c	a	d	b
d	c	b	a

a	b	c	d
b	a	d	c
c	d	a	b
d	c	b	a

a	b	c	d
b	a	d	c
c	d	b	a
d	c	a	b

图 187

可以由各基本配置,将其中的纵列互换而获得 24 种不同的配置,加上各纵列的配置还可以和第二行、第三行与第四行互换,又可获得 6 种配置。很明显,这些配置互不相同,所以符合问题条件的配置方式,总共有 4×24×6＝576（种）。

165. 为了使说明更简洁,将军官的级别以字母 A、B、C、D 来表示,而部队的编号以 1、2、3、4 表示。显然,各军官可依字母与数字的组合而表现其特征。例如(C,3)表示为第三部队的上尉。所以要解答这个问题,必须在正方形的 16 个格子里,将字母 A、B、C、D 各四个以及数字 1、2、3、4 各四个写在横行与纵列的每个格子里,不要重复相同的字母与数字即可,同时,一切的组合(字母、数字)都必须互异。

首先把字母配置如图 188 的形式。(请参考前面问题的答案)

A	B	C	D
D	C	B	A
B	A	D	C
C	D	A	B

图 188

然后再加上数字,将字母按军衔大小写上相对应的数字(也就是 A 对应 1,B 对应 2,C 对应 3,D 对应 4),其后将各数字转移到与对角线(A,C,D,B)对称的格子里,可得如图 189 的配置情形。

$(A,1)$	$(B,4)$	$(C,2)$	$(D,3)$
$(D,2)$	$(C,3)$	$(B,1)$	$(A,4)$
$(B,3)$	$(A,2)$	$(D,4)$	$(C,1)$
$(C,4)$	$(D,1)$	$(A,3)$	$(B,2)$

图 189

166. 假定在拥有 16 个格子的正方形里,横行对应第一队的选手,纵列对应第二队的选手。

然后在这些格子里以如下的方式填入数字组,应用前面的方法,配置所设定的字母与数字。将各字母转变为所对应的数字($A{\rightarrow}1, B{\rightarrow}2, C{\rightarrow}3, D{\rightarrow}4$),结果可得如图 190 的配置。

I\II	1	2	3	4
1	(1,1)	(2,4)	(3,2)	(4,3)
2	(4,2)	(3,3)	(2,1)	(1,4)
3	(2,3)	(1,2)	(4,4)	(3,1)
4	(3,4)	(4,1)	(1,3)	(2,2)

图 190

接下来假定数组的第一个数字表示对应包含在其他格子的行和列的选手，在几回后会相遇，同时，第二个数字为奇数时，表示第一队的选手持白棋参加比赛；而为偶数时，则表示持黑棋参赛。在第一个位置所出现的数字，在每行每列都是各出现一次，意味着选手通通会出场比赛，同时每个选手都会和对方进行一对一的比赛。

为了表示此表格符合问题的条件，在每行每列里的数字组的第二个位置，都有 1、2、3、4 的数字按不同的顺序配置，所以每个选手都持白棋比赛 2 回；持黑棋比赛 2 回，加上数字组各不相同，所以属于同一回合的 4 个数字组，换句话说，在第一个位置拥有相同数字（回合的号码）的数字组，那么，在第二个位置的数字 1、2、3、4，都以相同的顺序排列，这意味着在此回合里，第一队的选手持白棋 2 回、黑棋 2 回进行比赛。如图 191 所示。在此表中，第一队的选手持棋子颜色以格子的颜色来表示，同时依靠数字表示各选手相遇的号码。

I\II	1	2	3	4
1	1	2	3	4
2	4	3	2	1
3	2	1	4	3
4	3	4	1	2

图 191

现在来说明做任意大小的拉丁方阵的方法，将 $n \times n$ 的拉丁方阵元素以自然数来表示：

I：设 p 为质数，$n = p-1$，方阵的横行由上至下，纵列由左至右，各记下 1 至 n 的号码。号码 a 的行与号码 b 的列所交叉的格子写上 p 被 ab 除的余数。行与列的号码是无法被 p 除尽的正整数，所以能写在各格子

里的数为 $1,2,\cdots,n$ 中的一个。首先，来证明写在各行的数字各不相同。在号码 a 的行里，在号码 b、c 的列的两个格子里写上相等的数字，那么，意味着数 ab 与 ac 被 p 除时，所得到的余数相等。因此，两数的差 $a(b-c)$ 会被 p 除尽，但因数 a 与 $b-c$ 都不为 0，而且绝对值小于 p，不能被 p 除尽，那么所得的余数应该不同。同理可证，拉丁方阵中每一列的数各不相同。各行各列各有 n 个格子，被 p 除时余数不会变为 0 的数共有 n 个，所以，各行与各列各以 $1,2,\cdots,n$ 的顺序表示。

可根据此法做 $p=5$ 的矩阵。将 1、2、3、4 分别以 c、b、c、d 来代替，可得图 187 的第二个矩阵。

Ⅱ：假定 n 为任意的自然数，k 和 n 之间没有任何公因数（除 1 之外，k 为自然数）。在号码 a 的行与号码 b 的列所交叉的格子里写上被 n 除 $ak+b$ 的余数，假定号码 b 与 c 两列，以及号码 a 的行所交叉的两个格子有相等的数字，那么其差 $(ak+b)-(ak+c)=b-c$ 必然会被 n 除尽，可是 b 与 c 是 1 至 n 中互异的自然数，所以其差绝不会被 n 整除；同时，假定某列与号码 b 的两个格子有相同的数，假设对应这些行的号码为 u、v，其差 $(uk+b)-(vk+b)=(u-v)k$ 必然也被 n 整除，由于 k 与 n 之间没有任何公因数（除 1 之外，k 为自然数），因此 $u-v$ 必然会被 n 除尽，但这是不可能的。

总之，排在每行每列的格子里的数字都各不相同，和前面的情形一样，意味着方阵的行与列各以 $0,1,2,\cdots,n-1$ 的顺序来表示。

$n=4$，$k=1$ 时，以这种方式所做的方阵，并将 0、1、2、3 的数字各以 c、d、a、b 来代替，就形成如图 187 最初的方阵。

选择不同的值，可以这种方式做出各种拉丁方阵。

接下来假定 n 为奇数的质数，k、l 则是从 $0,1,\cdots,n-1$ 中所选出的不同的数，以前面的方式来做拉丁方阵，其组合的答案与问题 165 相同。但在这种情况下，拥有不同值的 n 队的代表者会参与，假定将方阵的格子填满时，在两个不同的格子里出现相同的数字组，且各位于号码 a、u 的行与号码 b、v 的列上，两者之差为：

$$ak+b-(uk+v)=(a-u)k+b-v$$
$$al+b-(ul+v)=(a-u)l+b-v$$

都必须被 n 除尽，所以其差 $(a-u)k-(a-u)l=(a-u)(k-l)$ 应被 n 整除。但能满足此条件的只有 $a=u$ 的情形，结果差 $b-v$ 应被 n 除尽，所以 b

$=v$,意味着这些格子必须一致。

对于任意的自然数 n,根据问题 165 的答案得到的拉丁方阵,作为一队为 n 人时的循环赛的赛程表,如问题 166 的答案。但有趣的是,$n=6$ 时的循环赛程表可以做出,可是问题 165 无法得到答案。

数学漫画 47

问:

　　这是写在古埃及的纸草纸(一种草所制成的纸)上的世界上最古老的数学谜题。

　　"7 户人家各养 7 只猫,每只猫各抓 7 只老鼠,每只老鼠各咬 7 根麦穗,每根麦穗各有 7 颗麦粒。请问总和是多少?"

答:19607

家		猫		鼠		穗		麦
7	+	7^2	+	7^3	+	7^4	+	7^5

$=7+49+343+2401+16807$

$=19607$

★ 鼠害在现代并不可怕,但在古埃及相当严重。这是一个有关日常生活的谜题。

十五、找路的方法

167. 乍看之下,蜘蛛先沿着天花板的对角线 CE 爬行,然后沿边 EK 爬到苍蝇处即可,但仔细想想还另有路。

蜘蛛沿 CF 在墙壁上爬行,然后沿 FK 到苍蝇处,同时,蜘蛛亦可沿

CA 以及 *AK* 的方向前进。

长方体的各部分都在对角线 *CK* 的中点对称，而路径 *CDK* 与 *CBK*、*CGK* 都和上面所叙述的三条路径等长。

那么，这其中最短的是哪一条呢？

其实，这三条都不对，还有更短的路径存在，我们来试试看。

由于长方体的对称性，我们考虑蜘蛛的最短路径不需经过 *ABEK* 的路线。因为如图 192 所示，路径 *KLC* 的长度与路径 *KMC* 的长度相等，因此可说最短路径和边 *EG*、*GF*、*FD*、*AD* 之一相交，同时，其中 *AD* 与 *EG* 位于对称的位置，所以最短路径与 *EG*、*GF* 和 *FD* 相交。

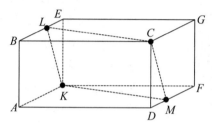

图 192

现在将形成房间的长方体展开成平面，可获得如 193 的图。

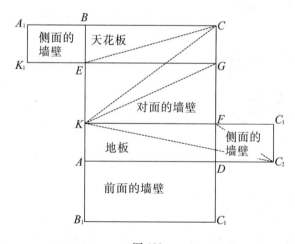

图 193

现在蜘蛛在点 *C*，而苍蝇在点 *K*，由此图可清楚地看到前面所叙述的

路径 *CEK* 与 *CGK* 并非最短的路径。想要走最短的路径,只要把点 *C* 与 *K* 连接成一条直线即可。此路径是与 *EG* 相交的一切路径中最短的一条;同样的,路径 KC_2 是和 *FD* 相交的一切路径中最短的一条(点 C_2 和长方体的顶点 *C* 相对应),比路径 C_2FK 更短。

为了得到和边 *GF* 相交的一切路径中最短的路径,如图 194 所示,将房间展开成平面,可发现 KC_3 是和边 *GF* 相交的一切路径中最短的一条。

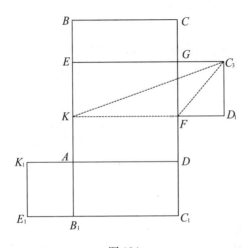

图 194

剩下的问题就是在此三条路径(KC, KC_2, KC_3)中,哪一条最短? 这与房间的长、宽、高有密切的关系。

现将宽 *AD* 以 *a* 来表示,高 *AB* 以 *b* 来表示,长 *AK* 以 *c* 来表示,由图 193 与图 194 可得到如下的等式

$$|KC| = \sqrt{a^2 + (b+c)^2}$$

$$|KC_2| = \sqrt{(a+b)^2 + c^2}$$

$$|KC_3| = \sqrt{(a+c)^2 + b^2}$$

把根式中的括弧拿掉,将根号内的数式加以比较,可以发现只有 $2bc$、$2ab$ 以及 $2ac$ 互不相同罢了。给这三个数除以 $2abc$,得到 $\dfrac{1}{a}$, $\dfrac{1}{c}$, $\dfrac{1}{b}$,由此可知,若 $a>b$, $a>c$,那么最短路径为 KC;若 $c>a$, $c>b$,最短路径为 KC_2;若 $b>a$, $b>c$ 的话,最短路径就为 KC_3。

换句话说,蜘蛛所走的最短路径是和边 *EG*、*GF*、*FD* 当中最长的边相交的那条。

像这类蜘蛛与苍蝇的问题,不要乍看之下就下结论,事实上,这种问题相当复杂。

169. 奇数地区只有 *D* 与 *E* 两个而已,其他的地区皆为偶数地区,对于问题的条件进行一般性的考察之后,发现这个问题是有答案的。

同时,想绕桥必须从奇数地区的 *D* 或 *E* 出发才行,因此所求出的路径为

EaFbBcFdAeFfCgAhCiDkAmEnApBqElD

与该顺序相反的排列亦可。夹在大写字母之间的小写字母表示应走的桥。

170. 要知道这问题是否有答案,可先确认芬兰、波兰、丹麦和邻接的国拥有奇数个国境,换言之,这些都是奇数地区,其数大于 2,所以走私者所计划的旅行是不可能做到的。

171. 参考图 195。

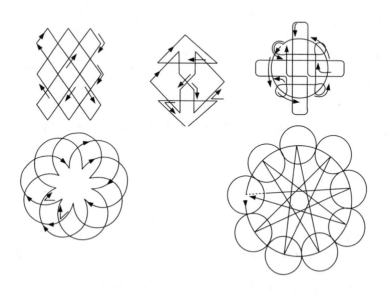

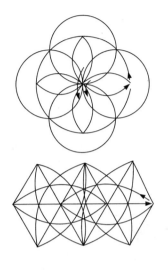
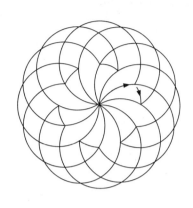

图 195

172. 将每个工人与每部机械都以点表示在纸上,那么可得 20 个不同的点。然后从表示工人的各点向各工人所使用的机械的两点画线,就可得到 20 个点和 20 条线所连接的网络。接下来不论点是表示人或机械,任何一点都可画出 2 条线。

这类的网络可分为几部分,在一个部分中可从各点沿线走到另一点,可是属于不同部分的点,其间就没有连接的线。

每部分的点都有偶数条线,所以每部分都能以一笔画完,沿铅笔移动的方向,在网路上画上箭头,意味着从网络的各点延伸一条线出来。

这表示从代表工人的点所画出来的线,表示工人能使用的机械的点的连线,也就是能符合问题所要求的条件。

将问题条件中的数字 10 改为 2 以上的任意整数,都能加以应用,解答方法完全相同。

数学漫画 48

问:

历史上最有名的军师诸葛孔明,率精兵与司马仲达对阵,孔明一挥羽扇,军阵瞬时由上图变为下图。其实只移动了其中 3 骑而已,请问如何移动?

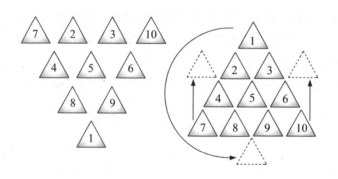

答: 移动方式如左图。